U0137681

福建野外常见淡水鱼图鉴

张继灵 编著

海峡出版发行集团 | 海峡书局
THE STRAITS PUBLISHING & DISTRIBUTING GROUP

图书在版编目（CIP）数据

福建野外常见淡水鱼图鉴 / 张继灵编著 . -- 福州：
海峡书局，2020.9
ISBN 978-7-5567-0741-6

Ⅰ . ①福… Ⅱ . ①张… Ⅲ . ①野生动物－淡水鱼类－
福建－图集 Ⅳ . ① Q959.4-64

中国版本图书馆 CIP 数据核字（2020）第 158971 号

策 划 人：曲利明
编 著：张继灵
责任编辑：俞晓佳 廖飞琴 魏 芳 陈 婧 卢佳颖 陈洁蕾
装帧设计：林晓莉 李 晔 黄舒堉 董玲芝
封面设计：林晓莉

FÚ JIÀN YĚ WÀI CHÁNG JIÀN DÀN SHUǏ YÚ TÚ JIÀN
福建野外常见淡水鱼图鉴

出版发行： 海峡书局
地 址： 福州市鼓楼区五一北路 110 号 11 层
邮 编： 350001
印 刷： 深圳市泰和精品印刷有限公司
开 本： 889 毫米 × 1194 毫米 1/32
印 张： 6.5
版 次： 2020 年 9 月第 1 版
印 次： 2020 年 9 月第 1 次印刷
书 号： ISBN 978-7-5567-0741-6
定 价： 88.00 元

序言

福建地处我国东南部，属亚热带季风气候，温润多雨。境内以山地丘陵地貌为主（占总面积 90% 以上），武夷山脉横亘于闽赣边界，加上中部戴云山脉的阻隔，在福建境内形成了诸多自西往东入海的独立水系，给淡水鱼类等水生生物的隔离演化提供了良好的条件，使福建成为我国淡水鱼类物种多样性的热点地区之一。

自 19 世纪中叶开始，Sauvage、Nichols 等欧美鱼类学者以及伍献文、朱元鼎、张春霖等我国鱼类学先驱，陆续对福建境内的部分淡水鱼类类群做了研究报道。20 世纪 80 年代，在朱元鼎先生的主持下，上海水产学院（今上海海洋大学）、厦门大学等科研院校合作编写出版了《福建鱼类志》上下两卷，首次对福建省内的淡水鱼类和海洋鱼类作了系统的分类整理。然而，时至今日，鱼类分类系统已有较多变动，亦有不少新种被陆续报道。针对福建省的淡水鱼类实有必要进行重新调查、对相关分类进展作整理汇总，同时也有必要结合鱼类的活体照片的展示，增加资料的科普性和实用性。

　　本书作者张继灵出于爱好，以个人之力对福建境内的淡水鱼类做了较为广泛的调查，拍摄了大量精美的照片，经由与相关业内学者的交流探讨，而编著了该图鉴，为人们欣赏认识福建的淡水鱼类提供了一个窗口，填补了福建省内缺乏相关淡水鱼类图鉴的空白。尽管本书在学术性上仍有不足，物种的记载也尚不够全面，但作为一名非鱼类学专业的爱好者，能耗费大量精力成就这样一本图鉴，实则难能可贵。希望作者再接再厉，在未来进一步完善本书，使之学术性与科普性更加兼备。

李帆

台湾中山大学博士

2020 年 7 月

目录

叁 | 池塘沟渠鱼类

肆 | 河流湖泊鱼类

壹

淡水鱼的介绍

第一节　淡水鱼的分类

对淡水鱼类的理解，狭义上指那些不能进入海水的鱼类，广义上指存在于淡水的鱼类。本书从广义上对淡水鱼进行划分。

淡水鱼类按栖息水域及盐度耐受力分为三大类：

纯淡水鱼类

盐度耐受性差，只生活在纯淡水中的鱼类。（图1）

亚淡水鱼类

通常只栖息于淡水中，偶尔进入河口或海水中生活的鱼类。（图2）

周缘性淡水鱼类

能栖息于淡水、河口或海水中生活的鱼类。

周缘性淡水鱼类根据不同的洄游方向与栖息水域可细分为以下三种：

1. 溯河型洄游鱼类。（图3）

2. 降海型洄游鱼类。（图4）

3. 河口区鱼类。（图5）

图1　史尼氏小鲃一生只生活在纯淡水水域

图 2 尖头塘鳢盐度耐受性好，可进入河口生活

图 3 香鱼在繁殖季节溯河洄游产卵

图 5 阿部鲻虾虎鱼一般在河口区生活

图 4 花鳗鲡在繁殖季节降海洄游

第二节　　鱼类的形态术语

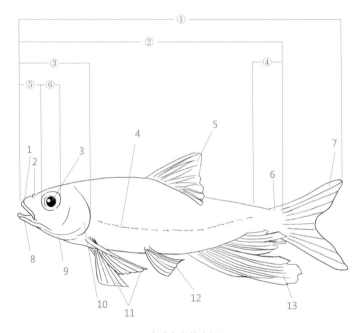

鱼类各部位介绍

1. 上颌	4. 侧线	7. 尾鳍	10. 鳃盖	13. 臀鳍
2. 鼻孔	5. 背鳍	8. 下颌	11. 胸鳍	
3. 眼	6. 尾柄	9. 颊部	12. 腹鳍	

①全长　②标准体长　③头长　④尾柄长　⑤吻长　⑥眼径

第三节　鱼类的生活史

成长

鱼类的生命历程从精卵结合就已经开始，经过几个不同时期的发育成长直至衰老死亡。绝大多数鱼类都会按照以下顺序历经整个生命过程：

胚胎期

当精卵完成结合，意味着胚胎期的开始。胚胎的发育完全依靠卵黄来提供营养。同时，水温、溶氧、光照、水质、敌害生物都会影响着胚胎的发育。

仔鱼期

当鱼孵化出膜，便进入仔鱼期。仔鱼全身透明、各鳍呈薄膜状、无鳍条，口和消化道发育不完全，依靠卵黄作为营养来源。这时的仔鱼已经具有避敌能力的行为特性。当卵黄营养吸收完毕，仔鱼的眼、鳍、口、消化道功能也逐步形成，鳃发育开始，这时仔鱼也开始四处巡游着向外界摄食。

稚鱼期

当仔鱼身上颜色逐渐加深，各鳍鳍条初步形成，鳞片慢慢出现，便进入了稚鱼期。

幼鱼期

当鱼体鳞片全部形成，鳍条、侧线等发育完全，身体各个外形特点、习性和成鱼一致，便进入幼鱼期。此时的鱼类生长迅速。

成鱼期

性腺初次发育成熟，标志着进入成鱼期。在适宜季节成鱼可以繁衍后代。

衰老期

当鱼出现生长停止、减少进食、游动缓慢、身上鳞片失去光泽等一系列生理功能衰退的迹象时，鱼开始走向死亡。

寿命

鱼类寿命的长短，取决于鱼类的遗传特性和所处的外界环境条件。通常，鱼类个体的大小跟寿命的长短也有一定关系。个体大，寿命长；个体小，寿命短。自然界中的鱼类在一生中经历着被捕食、病害、自然灾害……因而无法完成整个生活史。它们大多数只能活到生态寿命，极少数鱼类能活到自然死亡，也就是它们的生理寿命。

淡水鱼类寿命基本都在 2 ~ 4 龄，如马口鱼、光唇鱼、鳉鲅等；寿命超过 10 龄的很少。青鱼、草鱼、鲢、鳙、鲤、鲫、鳜等一般可活到 7 ~ 8 龄；鲟鳇鱼类的寿命较长，一般均达 20 ~ 30 龄。

繁殖

繁殖是保证鱼类种群繁衍发展的重要环节，包括性腺发育、成熟、产卵或排精，到精卵结合孵出仔鱼的全过程。当鱼类性腺发育成熟且进入适宜的季节、选好繁殖场所及找到并成功追求到合适对象，一场爱情大战即将上演。我们往往可以通过鱼类形体构造及体色的变化判断鱼类是否进入繁殖期。

追星的出现

雄鱼身体的某些部位，如吻部、颊部、鳃盖、头背部和鳍条等处，会出现白色坚硬的锥状突起的追星。雌鱼追星一般很少见或不明显。追星密布的部位大多是雌雄鱼体频频接触的部位。（图6）

婚姻色出现

鱼类在繁殖季节体色艳丽，特别是雄鱼更为突出。待繁殖季节过后，这种色彩会消失或淡化。（图7）

体态变化

繁殖期的雌鱼腹部明显增大。有些鱼类产卵管延长。（图8、图9）

大部分淡水鱼类会将卵产在水底岩石、沙砾、泥土和水草等基质上。一些鱼类则将卵产在河蚌中。（图10）

图6 长鳍马口鱼（雄鱼）在繁殖期头部追星明显　图7 长鳍马口鱼（雄鱼）在繁殖季节体色更加鲜艳

图8 林氏细鲫（雌鱼）在繁殖季腹部明显变大　　　图9 中华鳑鲏繁殖季节产卵管延长

图10 齐氏田中鳑鲏利用河蚌来繁殖

摄食

鱼类通过摄食以获得能量和营养，保证鱼类存活、生长、发育、繁殖。鱼类消耗的食物种类极为丰富，凡是水中生长的动、植物以及在各种情况下由空中和陆上进入水中的动、植物，几乎都可以成为鱼类的食物。按照鱼类成鱼阶段所摄取的主要食物的组成，大体上可以将现存鱼类归纳为以下几种食性类型：

草食性鱼类

以水草或藻类为食物。

肉食性鱼类

以无脊椎动物或脊椎动物为食物。

杂食性鱼类

兼有肉食性和草食性食性。

呼吸

呼吸是生命活动的基础，绝大多数鱼类通过鳃进行血液和水环境的气体交换。相比人类的呼吸，鱼的呼吸似乎显得困难，水的密度大，溶氧量较空气稀薄且不稳定，以致于在不同环境下，鱼类进化出一些独特的呼吸方式。鱼类的呼吸主要依靠口、口咽腔和鳃盖的协调运动，造成水流出入鳃区以完成呼吸。一些鱼类也可以通过空气进行呼吸。（图 11 ~ 图 14）

图 11 双色鳗鲡可以通过暴露在空气中的皮肤吸入氧气

图 12 黄鳝可以直接吞入空气进行呼吸

图 13 泥鳅可以将吞入的空气
压入消化管内进行呼吸

图 14 斗鱼进化出了鳃上器官可以对空气直接呼吸

运动

　　鱼类的主要运动方式是游动，游动的动力主要来自躯干部和尾部肌肉交替收缩，使身体左右反复扭曲押水向后而取得向前的反推力前进。当然还有其他辅助动力，靠鳍的摆动拨水取得反作用力前进以及利用鳃孔向后方喷水获得冲力，使身体获得反冲力前进也都能帮助鱼类游动。

　　鱼类的运动方式除游动外，有些鱼类也擅长爬行、跳跃。如攀鲈能依靠摆动鳃盖、胸鳍在路面爬行；一些鱼类在水温发生突变或受到某种刺激，或要逃避敌害、追捕食物、越过障碍等情况时，则会发生跳跃。

感觉

视觉

鱼类的眼睛与人类很像，眼球有 3
对肌肉控制，使眼球能朝着不同的方向
灵活转动。区别比较大的就是鱼眼睛没
有眼皮或泪腺，因为在水下并不需要它
们来保证鱼类眼睛的清洁与湿润。一些
鱼更是进化出了眼部的肌肉组织。鱼类
眼睛在头部的位置的差异也往往体现了
鱼类习性的差异。如底栖鱼类中的虾虎
鱼及吸鳅，它们的眼睛位置处在头部的
顶端，因为它们无须察觉来自身下的威
胁。一些凶猛的肉食性鱼类其眼睛往往
处于头部前端位置，这样更有利于捕食。
在水质清澈的水域，鱼类眼睛同样能看
到清晰的物体，它们还能利用水面这面
镜子观察处于视觉盲区的物体，以便捕
食或者逃避捕食者。在野外水域，一旦
我们靠近岸边，那些聚集成群的鱼就会迅速散开。或许在鱼类的基因代码中，
把一切在水域外活动的生物都当作潜在的捕食者。而在水质浑浊或水面有浪
花的水域中，鱼类的视力就有所下降。

图 15 银线弹涂鱼的双眼像变色龙一
样，可以分别朝不同的方向转动

听觉

鱼类也进化出了听觉器官。位于头骨后面前 4 块椎骨两侧的一系列小骨，
形成了被称为韦氏小骨的听觉器官。听觉在鱼类的交流、定向、觅食和防卫
等方面发挥着重要的作用。

嗅觉

与人类不同，鱼的鼻孔不能用来呼吸，只能用来闻气味。鱼类会将水
不停吸入鼻孔，再由鼻孔中的上皮细胞传输信号至大脑前端的嗅球，以获得
嗅觉。嗅觉对鱼类的生存至关重要，鱼类利用气味来捕食，寻找回家的路，
甚至可以躲避危险。一些夜行性鱼类在漆黑的夜里靠嗅觉来寻找食物。在繁
殖季雄鱼闻到雌鱼发出的性信息气味，激发出雄鱼的求偶行为。溯河洄游的

鱼类会记住儿时生活水域中的化学物质，在繁殖季节追寻家乡水特有的气味特征溯河产卵。

味觉

鱼类也有味觉，主要用来分辨食物。跟其他脊椎动物一样，鱼类主要的味觉感受器是味蕾，同时鱼类也是拥有味蕾数量最多的动物。大部分鱼的味蕾都在嘴巴和喉咙里，与人类一样也长有舌头，连接着大脑的味觉感受器，将味觉信号传输至大脑。当我们观察鱼类进食时会发现，鱼类有时候将食物反复吞吐，几次后才决定是否将食物吃进去。同样鱼类也挑食，他们会选择自己喜爱的食物，对不喜欢的味道避之不及。

触觉

鱼类的触须是鱼类的触觉器官，鱼类通过触须来探测感知水下世界。在鱼的身体两侧还有一排特殊鱼鳞，每一片鱼鳞都有一处凹陷，凹陷处由神经丘及感觉细胞构成，这一排凹陷形成的细线就是鱼的侧线。鱼类可以利用侧线来感受身体周围产生的水压及水流的变化，任何障碍物及物质的出现都会改变水流及水压，鱼在漆黑的水域，这套声呐系统非常实用。

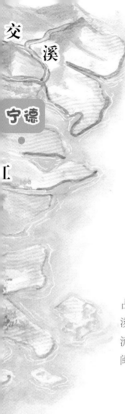

第四节　福建省主要水系分布图

福建的河流大多发源于西部、中部和北部，自成系统，独自入海。一般干流短小，支流繁多，水量丰富。上游坡降较大，滩礁凶险，水流湍急；下游近海地区坡降较小，河床宽坦，水流较缓。

| 闽江 |

为福建最大河流，干流长 577 千米，集水面积 60800 平方千米，占全省河流面积的一半。上游在南平以上，主要有三源。北源称建溪；中源称富屯溪；南源称沙溪。它们于南平附近汇合后，始称闽江，流向东南。在福州盆地以西的淮安附近，分为南北两支，北支仍称闽江，南支称乌龙江，至马尾汇合，折向东北，流入东海。

| 九龙江 |

为福建第二大河，干流长 258 千米，集水面积 13000 平方千米。上源由北溪和西溪组成。北溪和西溪在龙海县长洲相汇，形成九龙江干流，东流至海澄，又汇南溪，经厦门港流入台湾海峡。

| 汀江 |

在福建西部，为粤东韩江的上游，亦是本省唯一流经两省的河流。发源于武夷山脉南段的长汀，自北南流，至广东省的石下坝注入韩江，长约 285 千米，集水面积 9922 平方千米。

| 晋江 |

全长 182 千米，集水面积 5629 平方千米。上游有东、西溪，相汇于南安县的双溪口，江面较宽，水量较大，向东南经泉州流入台湾海峡。

| 木兰溪 |

全长 105 千米，集水面积 1732 平方千米。发源于戴云山脉的德化县境内，流经仙游、莆田，至三江口入海。

此外，闽东北尚有交溪、穆洋溪、霍童溪、敖江，闽南尚有漳江、东溪等河流独流入海。

山涧溪流鱼类

山涧溪流由若干泉水汇合以及地表径流而形成的溪流。

溪流短且水量小，枯水期时有断流现象。

溪流一般生活着小型鱼类，如长鳍马口鳤、光唇鱼等。

溪流鱼类一般以藻类、水生昆虫及小型无脊椎动物为食物。

同时溪流也是一些溯河性洄游鱼类的产卵地。

因其特殊的地理位置，很少被人类开发利用。

溪流旁边常有茂密的森林，且水质良好。

雄鱼 | 体长：68mm

子陵吻虾虎鱼

Rhinogobius giurinus

雌鱼 | 体长：59mm

鲈形目 | 虾虎鱼科 | 吻虾虎鱼属

形态

体延长，前部近圆筒形，后部稍侧扁。头中大稍平扁。吻宽钝。眼中大，上侧位。鼻孔每侧 2 个。口中大，前位，稍斜裂。上下颌约等长。上颌骨向后伸达眼前缘下方。体青灰色，腹部白色，体侧具 6 ～ 7 个不规则深色斑块。头部及鳃盖均密具虫状细纹多条，颊部具数条斜向前下方的暗色细条纹。

生态及习性

为淡水小型鱼类。栖息于江河沙滩、石砾地带含氧量丰富的浅水区，水库、池塘也有分布。常在水底匍匐游动。摄食水生昆虫、小虾、浮游生物。

分布

闽江、九龙江、汀江、晋江、木兰溪。

保护级别

《中国生物多样性红色名录》评估等级 LC。

鲈形目 | 虾虎鱼科 | 吻虾虎鱼属

李氏吻虾虎鱼

Rhinogobius leavelli

形态

体延长，前部亚圆筒形，后部侧扁，背缘与腹缘平直。头中大，吻钝。眼上侧位。口斜裂，上下颌等长，上颌骨可延伸至眼前部下方。体呈褐色，头部及鳃盖均密具虫状细纹多条，吻部具1条红纹，喉纹为细条状。背鳍2枚，第一背鳍红色，基部具1块蓝斑；第二背鳍红色。尾鳍圆形，基部具黄色斑块。

生态及习性

为淡水小型鱼类。栖息于溪流浅水处，常在水底匍匐游动。摄食水生昆虫、小虾、浮游生物。

分布

闽江、九龙江及晋江。

保护级别

《中国生物多样性红色名录》评估等级LC。

体长：66mm

体长：48mm

鲈形目 | 虾虎鱼科 | 吻虾虎鱼属

龙岩吻虾虎鱼

Rhinogobius longyanensis

形态

体延长，前部亚圆筒形，后部侧扁，背缘与腹缘平直。头中大，吻钝。眼上侧位。口斜裂，上下颌等长，上颌骨可延伸至眼前部下方。体呈褐色，体侧布满细小圆斑，吻部具 1 条红纹，喉部密具红色小圆斑。背鳍 2 枚，微红色。尾鳍圆形，基部具 1 块黑斑。

生态及习性

为淡水小型鱼类。栖息于溪流浅水处，常在水底匍匐游动。摄食水生昆虫、小虾、浮游生物。

分布

闽江。

体长：42mm

鲈形目 | 虾虎鱼科 | 吻虾虎鱼属

形态

体延长，前部亚圆筒形，后部侧扁，背缘与腹缘平直。头中大，吻钝。眼上侧位。口斜裂，上下颌等长，上颌骨可延伸至眼前部下方。体呈黄棕色，体侧具数个深色斑块。眼下与吻部各具 1 条红纹，喉部密具红色小圆斑。背鳍、臀鳍、尾鳍皆为橙色。尾鳍圆形，基部具 1 块黑斑。

生态及习性

为淡水小型鱼类。栖息于溪流浅水处，常在水底匍匐游动。摄食水生昆虫、小虾、浮游生物。

分布

木兰溪。

仙水吻虾虎鱼

Rhinogobius xianshuiensis

Rhinogobius formosanus

台湾吻虾虎鱼

鲈形目 | 虾虎鱼科 | 吻虾虎鱼属

形态

体延长，前部圆筒形，后部侧扁，背缘浅弧形腹缘平直。头中大，稍平扁。眼上侧位。口大，斜裂，上颌较下颌突出，上颌骨可延伸至眼前缘下方。体呈黄褐色，腹部蓝色，体背具 6 ~ 7 块褐色横斑。体侧中央鳞片具有蓝色光泽，体侧布满红褐色斑点。眼前具 3 条红色线纹，颊部有蠕纹状花纹。尾鳍长圆形，有 7 ~ 9 条红线纹。

生态及习性

为淡水小型鱼类。栖息于沿海溪流，常在水底匍匐游动。性情凶猛，摄食水生昆虫、小虾、浮游生物。

分布

闽江、九龙江、晋江、木兰溪。

保护级别

《中国生物多样性红色名录》评估等级 LC。

体长：76mm

鲈形目 | 虾虎鱼科 | 吻虾虎鱼属

武义吻虾虎鱼 *Rhinogobius wuyiensis*

形态

体延长，前部亚圆筒形，后部侧扁，背缘与腹缘平直。头中大，吻钝。眼上侧位。口斜裂，上下颌等长，上颌骨可延伸至眼前部下方。体呈褐色，体侧具数个不规则深色斑块。眼下与吻部各具 1 条红纹，头部及颊部具细纹多条。

生态及习性

为淡水小型鱼类。栖息于溪流浅水处，常在水底匍匐游动。摄食水生昆虫、小虾、浮游生物。

分布

闽江、九龙江及晋江。

体长：57mm

鲈形目 | 虾虎鱼科 | 吻虾虎鱼属

网纹吻虾虎鱼
Rhinogobius reticulatus

形态

体延长，前部亚圆筒形，后部侧扁，背缘与腹缘平直。头中大，吻钝。眼上侧位。口斜裂，上下颌等长，上颌骨可延伸至眼前部下方。体呈褐色，体侧布满细小圆斑。吻部具1条红纹，颊部上具细小圆斑，喉部具细纹多条。背鳍2枚、第一背鳍前部具深色斑块，后部微红；第二背鳍微红。尾鳍圆形，基部具1块黑斑。

生态及习性

为淡水小型鱼类。栖息于溪流浅水处，常在水底匍匐游动。摄食水生昆虫、小虾、浮游生物。

分布

闽江。

喉部具多条细纹

体长：41mm

体长：43mm

鲈形目 | 虾虎鱼科 | 吻虾虎鱼属

长汀吻虾虎鱼

Rhinogobius changtinensis

形态

体延长，前部亚圆筒形，后部侧扁，背缘与腹缘平直。头中大，吻钝。眼上侧位。口斜裂，上下颌等长，上颌骨延伸至眼前部下方。体呈黄棕色，体侧具数个斑块。颊部具 3 条细纹，眼下与吻部各具 1 条红纹。背鳍 2 枚，第一背鳍前部具蓝色斑块，后部微红；第二背鳍微红。尾鳍圆形，基部具 1 块黑斑。

生态及习性

为淡水小型鱼类。栖息于山涧溪流，常在水底匍匐游动。摄食水生昆虫、小虾、浮游生物。

分布

汀江。

体长：42mm

鲈形目 | 虾虎鱼科 | 吻虾虎鱼属

短吻红斑吻虾虎鱼
Rhinogobius rubromaculatus

形态

体延长，前部亚圆筒形，后部侧扁，背缘与腹缘平直。头中大，吻钝。眼上侧位。体色呈黄棕色或褐色，全身密布橘红色细小斑点。第一背鳍基部具1个蓝黑色斑块，鳍膜橘红色；第二背鳍具橘红色斑点，雄鱼第二背鳍外缘呈白色。尾鳍及臀鳍呈橘红色，较外缘具黑色，最外缘则呈白色。

生态及习性

为溪流中、上游的小型鱼类。底栖性，栖息在溪流缓流区。肉食性，通常以水生昆虫为食。

分布

木兰溪。

体长：30mm

鲈形目｜沙塘鳢科｜小黄黝鱼属

Micropercops swinhonis

小黄黝鱼

形态

体延长、侧扁，背缘和腹缘浅弧形。头中大，侧扁。吻短，尖突。眼中大，上侧位，位于头的前半部。鼻孔每侧 2 个，分离。口中大，前位，斜裂。下颌稍突出。上颌骨后延，不伸达眼前缘下方。无侧线。左右腹鳍不愈合成吸盘，具背鳍 2 枚。体灰带浅棕色，腹部灰白色。体侧具十余条暗色横带。

生态及习性

为淡水小型底栖鱼类，栖息于河流池塘浅水区中。肉食性，捕食水生无脊椎动物。

分布

闽江。

保护级别

《中国生物多样性红色名录》评估等级 LC。

鲈形目 | 鳢科 | 鳢属

月鳢

Channa asiatica

形态

体延长，平直，前部圆筒形，后部渐侧扁。头宽大，圆钝，前部稍平扁。吻宽短，圆钝。眼小，上侧位。鼻孔每侧2个，分离。口宽大，前位，马蹄形。口裂倾斜，向后伸达眼后缘下方。下颌稍突出。无须。体及头部均披圆鳞，鳞小。侧线平直，自鳃孔上角向后延伸，在胸鳍末端中断，然后折下直伸至尾柄中线。体灰褐色，腹部色较浅。体沿中线有黑色横纹，头部眼后具2条黑色纵带。尾鳍基部有1块近圆形的睛斑，睛斑四周具白缘。

生态及习性

大多生活在山涧小溪流中，也喜在堤岸或田埂边钻洞穴居。常雌雄居1穴。一般夜间外出活动觅食，白天栖息在水草丛中，或潜伏洞口。性凶猛，摄食小鱼、小虾、蝌蚪及水生昆虫。

体长：215mm

分布

各大水系均有分布。

保护级别

《中国生物多样性红色名录》评估等级 LC。

鳗尾鮱

Liobagrus anguillicauda

鲇形目｜钝头鮠科｜鮱属

形态

体延长，前部平扁，后部侧扁。头宽圆，平扁，头顶部光滑，为皮膜所盖。吻宽短，圆钝。眼小，上侧位，位于头的前半部。鼻孔每侧 2 个，前后鼻孔分离。口大，亚前位，横裂，上颌微突。头部具须 4 对。体无鳞，皮肤光滑。无侧线。体呈黄棕色，背侧色较深，腹部浅色。各鳍黄棕色，尾鳍边缘淡黄色。

生态及习性

为小型底栖鱼类。生活于山涧溪流中，多在水流缓慢的水域活动。白天潜于水底或洞穴内，夜间出洞觅食。摄食水生昆虫及其幼虫。鳍棘短小但毒性较强，人被刺后，患处剧痛、红肿，有时还会引起发冷、发热等症状。

体长：89mm

分布

闽江。

马口鱼 *Opsariichthys bidens*

雄鱼｜体长：110mm

鲤形目｜鲤科｜马口鱼属

形态

体延长，侧扁，腹部圆。头中大，顶部平坦。眼小、上侧位、位于头的前半部。鼻孔每侧2个。口大、前位，口裂伸达眼中部下方。上颌正中和边缘凹入，下颌正中和边缘凸出，上下凹凸相嵌。无须。体背侧银灰色，体侧下半部及腹部银白色，两侧具十余条浅蓝色狭横纹。各鳍为橙黄色。背鳍上有黑色条纹。眼上缘有红色斑点。雄鱼在生殖季节头部、臀鳍上具显著的珠星、体色更为鲜艳。

生态及习性

生活于山谷溪涧中，常与鱼成群聚集，冬季多栖息在深水石穴中。性凶猛、肉食性，常捕食小鱼、小虾和水生昆虫。

分布

各大水系均有分布。

雌鱼｜体长：95mm

保护等级

《中国生物多样性红色名录》评估等级 LC。

长鳍马口鱼

Opsariichthys evolans

雄鱼 | 体长：105mm

雌鱼 | 体长：85mm

鲤形目 | 鲤科 | 马口鱼属

形态

体延长，侧扁，背部稍隆起，腹部圆，无肉棱。头中大。吻短、钝尖。眼较小，上侧位。鼻孔每侧 2 个，位于眼的前上方。口中大，前位，口裂伸达眼前缘下方。上颌稍长于下颌。唇较薄。无须。体披圆鳞，鳞较大，长方形。侧线完全，广弧形下弯，向后延至尾柄中央。体背侧棕黄色，腹部银白色。体侧具 12 ～ 13 条银灰色带蓝绿色横带。背鳍和臀鳍蓝紫色，胸鳍和腹鳍金黄色，尾鳍青灰色。尾柄中央具 1 条颇宽的蓝紫色纵带。雄鱼在生殖季节头部、臀鳍上具显著的珠星，体色更为鲜艳。

生态及习性

为小型溪流鱼类，喜游于流水较急、底质为砂石或砂泥的浅滩处。杂食性，主要摄食浮游甲壳类、水生昆虫及幼虫、小鱼、虾，亦摄食一些藻类和腐殖质。

分布

各大水系均有分布。

保护等级

《中国生物多样性红色名录》评估等级 LC。

Parazacco spilurus

异鱲

体长：126mm

鲤形目｜鲤科｜鱲属

形态

体延长，侧扁。头中大而尖，头顶平坦。眼中大，上侧位。鼻孔每侧2个，上侧位。口大，前位，口裂伸达眼前缘下方。下颌微突出，前端具1块突起，恰好与上颌前端的凹陷相吻合。无须。体披中大圆鳞。侧线完全，在胸鳍上方显著下降，向后延伸至尾柄中央。体背侧棕褐色，腹部白色。体侧中央具1条深色纵纹。

生态及习性

喜栖息于水流较急的溪流浅滩，摄食水生昆虫和浮游甲壳类。

分布

闽江、九龙江、木兰溪等。

保护级别

《中国生物多样性红色名录》评估等级 LC。

体长：126mm

鲤形目｜鲤科｜梅氏鳊属

台湾梅氏鳊 *Metzia formosae*

形态

体延长，侧扁，背缘与腹缘呈浅弧形。头中大，呈三角形。眼上侧位。口上位，稍斜裂，下颌较上颌突出，上颌骨可延伸至眼前缘下方。侧线完全，侧线前部下斜呈弧形状，后部与腹缘平行。体呈微黄半透明状，腹部白色。体中央具蓝黑色纵带，纵带上缘处具1条金色纵线。

生态及习性

栖息于溪流及小沟渠中上层。群居性，常一大群躲于水草中。杂食性，以有机碎屑、昆虫、浮游生物为食。

分布

闽江。

保护等级

《中国生物多样性红色名录》评估等级 VU。

鲤形目 | 鲤科 | 光唇鱼属

条纹光唇鱼
Acrossocheilus fasciatus

形态

体延长，侧扁，背缘浅弧形，腹部较平坦。头较小，侧扁，稍尖。吻中长，圆钝，稍突出。眼中大，上侧位。鼻孔每侧 2 个，紧相邻，位于眼的前方。口略宽，下位，腹视近弧形，口裂向后伸达鼻孔下方。上颌较下颌长，下颌前缘较平直，外露，具铲状角质边缘。须 2 对，颌须较吻须稍长。体披圆鳞，鳞中大。侧线完全，平直或微下弯，伸达尾柄中央。体背侧棕黄色，腹部白色。体侧具蓝黑色横带 6 条。背鳍、臀鳍鳍膜具黑色条纹。

生态及习性

为淡水中下层鱼类，生活于水流湍急、水色清晰、底质多石的溪流中。常以下颌角质边缘铲食石块上的附着藻类，也摄食底栖无脊椎动物、植物碎屑等。

分布

闽江。

保护等级

《中国生物多样性红色名录》评估等级 LC。

体长：65mm

鲤形目 | 鲤科 | 光唇鱼属

半刺光唇鱼

Acrossocheilus hemispinus

形态

体延长，侧扁，稍高，背前部弧形，腹部圆。头中大，侧扁，稍尖。吻中长，向前突出。眼中大，上侧位。眼间隔宽，稍突出。鼻孔每侧 2 个，紧相邻，位于眼的前方。口小，下位，腹视马蹄形。须 2 对，颌须比吻须长。体披圆鳞，鳞中大。侧线完全，近平直。体背侧棕黄色，腹部灰白色。幼鱼体侧具 6 条狭长黑色横带，成鱼横带不明显。背鳍、尾鳍深灰色，其他各鳍淡黄色。

生态及习性

为淡水中下层鱼类。生活于水流湍急、水色清澈、石砾底质的山区溪流。喜集群，群体不大，遇阻碍善跳跃。主要摄食水生昆虫、底栖无脊椎动物、附着丝状藻类、植物碎屑等。

分布

闽江、九龙江、汀江、交溪、霍童溪等。

保护等级

《中国生物多样性红色名录》评估等级 LC。

体长：96mm

武夷光唇鱼
Acrossocheilus wuyiensis

形态

体延长，侧扁，背缘浅弧形，腹部较平坦。头较小，侧扁，稍尖。吻中长，圆钝，稍突出。眼中大，上侧位。鼻孔每侧2个，紧相邻，位于眼的前方。口略宽，下位，腹视近弧形，口裂向后伸达鼻孔下方。上颌较下颌长，下颌前缘较平直，外露，具铲状角质边缘。须2对。体披圆鳞，鳞中大。侧线完全，平直，伸达尾柄中央。体背侧棕黄色，腹部白色。体侧具蓝黑色横带7条。背鳍、臀鳍鳍膜具黑色条纹。

生态及习性

为淡水中下层鱼类，生活于水流湍急、水色清晰、底质多石的溪流中。常以下颌角质边缘铲食石块上的附着藻类，也摄食底栖无脊椎动物、植物碎屑等。

分布

闽江。

保护级别

《中国生物多样性红色名录》评估等级 LC。

体长：86mm

体长：106mm

克氏光唇鱼

Acrossocheilus kreyenbergii

形态

体延长，侧扁，稍高，背缘浅弧形，腹部圆。头中大，侧扁，稍尖。吻中长，圆钝，稍突出。吻褶止于上唇基部，与上唇分离。眼中大，上侧位。鼻孔每侧 2 个，紧相邻，位于眼的前方。口略宽，下位，腹视弧形，口裂向后伸达鼻孔下方。上颌较下颌长，下颌前缘近弧形，外露，具发达角质边缘。须 2 对，颌须比吻须稍长。体披圆鳞，鳞中大。侧线完全，平直或稍下弯，伸达尾柄中央。体侧黄棕色，头部和背部灰黄色，腹部银白色。体侧具 6 条蓝黑色横带，带宽约占 2 个鳞片，沿侧线有 1 条黑色纵纹。背鳍淡黄色，鳍膜褐色，具黑色条纹；胸鳍和腹鳍淡黄色，尾鳍和臀鳍黄色，鳞片基部具小黑点。

生态及习性

为淡水中下层鱼类，生活于石砾底质的山区溪流。主要摄食附着于岩石上的藻类、植物碎屑，也食底栖无脊椎动物、水生昆虫等。

分布

闽江、汀江、交溪等。

保护等级

《中国生物多样性红色名录》评估等级 LC。

侧条光唇鱼

Acrossocheilus parallens

体长：86mm

鲤形目｜鲤科｜光唇鱼属

形态

体延长，侧扁，稍高，背前部弧形，腹部圆，稍平直。头中大，侧扁，稍尖。吻中长，圆钝，稍突出。眼中大，上侧位。眼间隔宽，稍隆起。鼻孔每侧2个，紧相邻，位于眼的前方。口小，下位，腹视马蹄形，口裂伸达鼻孔下方。须2对，颌须比吻须长。体背侧棕青色，腹部灰白色。沿侧线有1条蓝黑色纵带直达尾鳍基，体侧上半部具6条蓝黑色横带。背鳍鳍膜色浅，无黑色条纹。

生态及习性

为淡水中下层鱼类。生活于水流湍急、水色清晰、多石砾的山区溪流。主要摄食水生昆虫、底栖无脊椎动物、岩石上的附着藻类及植物碎屑等。

分布

汀江。

保护等级

《中国生物多样性红色名录》评估等级LC。

体长：112mm

鲤形目 | 鲤科 | 光唇鱼属

厚唇光唇鱼 *Acrossocheilus Paradoxus*

形态

体延长，侧扁，稍高，背部稍呈弧形，腹部圆而平直。头中大，侧扁稍尖。吻较长，圆钝突出。眼中大，上侧位。鼻孔每侧 2 个，紧相邻，位于眼的前上方。口小，下位，腹视马蹄形。须 2 对，颌须比吻须长。体背侧灰黑带红色，腹部灰白色。体侧具 6 条蓝黑色横带，带宽约占 2 个鳞片。背、尾鳍灰色，其他各鳍淡黄色。背鳍鳍膜具黑色条纹。

生态及习性

为淡水中下层鱼类。生活于水流湍急、砾石多的山涧溪流。主要摄食底栖无脊椎动物及附着石块上的藻类等。

分布

汀江。

保护等级

《中国生物多样性红色名录》评估等级 LC。

| 背鳍膜为黑色 |

体长：45mm

鲤形目 | 鲤科 | 小鲃属

条纹小鲃

Puntius semifasciolatus

形态

体延长，侧扁，稍高，腹部圆。头中大，较圆钝。眼中大，上侧位。口较小，亚下位，斜裂，腹视马蹄形。上颌稍长于下颌。须1对，位于上颌后部。体披圆鳞，鳞大。侧线完全，稍下弯，伸达尾柄中央。体背侧金黄色，体侧具4条以上黑色横条及若干不规则小黑斑。各鳍黄色。雄鱼的背鳍边缘及尾鳍带橘红色。

生态及习性

为淡水中下层鱼类。生活于田间及小溪中。杂食性，主要摄食小型无脊椎动物及丝状藻类等。

分布

闽江、九龙江、汀江、晋江、木兰溪。

保护等级

《中国生物多样性红色名录》评估等级 LC。

体长：48mm

鲤形目 | 鲤科 | 小鲃属

史尼氏小鲃 *Puntius snyderi*

形态

　　体延长，侧扁，稍高，腹部圆。头中大，较圆钝。眼中大，上侧位。口较小，亚下位，斜裂，腹视马蹄形。上颌稍长于下颌。须1对，位于上颌后部。体披圆鳞，鳞大。侧线完全，稍下弯，伸达尾柄中央。体背侧金黄色，体侧具4条黑色横条。各鳍黄色。雄鱼繁殖期背鳍边缘、尾鳍及腹部呈橘红色。

生态及习性

　　为淡水中下层鱼类。生活于田间及小溪中。杂食性，主要摄食小型无脊椎动物及丝状藻类等。

分布

　　闽江。

体长：126mm

鲤形目 | 鲤科 | 白甲鱼属

形态

体延长，稍侧扁，腹部圆。头宽短，圆锥形，稍尖。吻较短，圆钝突出。眼中大，上侧位。鼻孔每侧2个，前鼻孔后缘具1个半月形鼻瓣。口宽大，下位，浅弧形。下颌平横，铲状，具角质边缘。吻须和须各1对，均微小。体背侧银灰色，腹部白色。背鳍鳍膜具黑色条纹。眼上缘红色。

生态及习性

为淡水中下层鱼类。生活于水流湍急、水色清晰、底质多砾石的山区溪流。主要摄食附着于水底岩石上和泥土中的藻类及腐殖质等。

分布

各大水系广泛分布。

保护级别

《中国生物多样性红色名录》评估等级 NT。

台湾白甲鱼

Onychostoma barbatulum

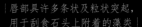

唇部具许多条状及粒状突起，
用于刮食石头上附着的藻类

纹唇鱼

Osteochilus salsburyi

鲤形目 | 鲤科 | 纹唇鱼属

形态

体延长，侧扁，稍高，腹部圆。头较短小，稍尖。吻中长，圆钝，稍突出。眼中大，上侧位。鼻孔每侧 2 个，紧相邻，位于眼的前方。口小，下位，腹视马蹄形。上下颌前端匙形，下颌略长于下颌。上唇较发达，下唇狭小，均具许多条状及粒状 突起。须 2 对，短小。体披圆鳞，鳞大。侧线完全，稍下弯，伸达尾柄中央。体背侧棕青色，腹部灰白色。眼缘橘红色。体侧具 1 条不很明显的纵条。

生态及习性

为淡水中下层鱼类。生活于山区溪流主要摄食水底的附着藻类、植物碎屑、腐殖质等。

分布

闽江、晋江、九龙江、木兰系、漳溪等。

保护级别

《中国生物多样性红色名录》评估等级 LC。

体长：73mm

体长：72mm

鲤形目 | 鲤科 | 颌须鮈属

细纹颌须鮈

Gnathopogon taeniellus

形态

体延长，侧扁稍高，腹部圆，尾柄中长。头较短，头长小于体高。吻钝。眼中大，上侧位。口前位，口裂稍斜，向后伸达鼻孔的下方。口角具短须1对。体披圆鳞，鳞片中大，胸、腹部均具鳞片。侧线完全，稍下弯，伸达尾柄中央。体背侧浅棕色，腹部淡白色。沿背部正中及体上侧各具1条黑色纵纹，背鳍上部具1条暗黑色条纹。

生态及习性

生活于山区溪流中。杂食性，主要摄食水生昆虫、底栖无脊椎动物、藻类及植物碎屑。

分布

闽江。

保护级别

《中国生物多样性红色名录》评估等级 LC。

黑鳍鳈 *Sarcocheilichthys nigripinnis*

雄鱼 | 体长：65mm

鲤形目 | 鲤科 | 鳈属

形态

体延长，侧扁，腹部圆。头较小，圆锥形。吻中大，稍突出。眼小，上侧位。鼻孔每侧 2 个，紧相邻，位于眼的前上方。口小，下位，略呈马蹄形，口裂向后不伸达眼前缘下方。体披圆鳞，鳞中大，胸、腹部具小鳞。侧线完全，平直，伸达尾柄中央。体背侧灰棕色，腹部白色。体侧具较多的不规则黑斑，沿侧线处具 1 条黑色纵带，鳃孔后缘具 1 条深黑色垂直斑条。背鳍灰黑色，尾鳍灰色，其余各鳍灰色。繁殖期雄鱼头部具追星，体色呈橙红色。

生态及习性

为中下层小型鱼类。栖息于水流缓慢、水草丛生的河流中。摄食水生昆虫、甲壳类、螺类幼体和少量水草、丝状藻等。

雌鱼 | 体长：60mm

分布

闽江、汀江。

保护等级

《中国生物多样性红色名录》评估等级 LC。

鲤形目 | 鲤科 | 小鳔鮈属

福建小鳔鮈

Microphysogobio fukiensis

形态

体延长，稍侧扁，头腹部及胸部平坦，腹部圆。头中大，略呈方形。吻圆钝，在鼻孔前方稍下陷。眼较大，上侧位。眼间隔宽平。鼻孔每侧 2 个，位于眼的前方。口小，下位，腹视马蹄形。上下颌具角质边缘。唇发达，具许多小乳突。口角具须 1 对，须长小于眼径。体背部灰棕色，腹部淡棕色。体背具 5 ~ 6 个较大黑斑，体侧隐具 1 条灰黑色纵纹，上具 6 ~ 7 个较大黑斑。

生态及习性

为小型淡水鱼类。栖息于河流底层。摄食底栖生物、水生昆虫和腐败物。

分布

闽江、晋江、九龙江、霍童溪、木兰溪、漳江等。

体长：60mm

雌鱼｜体长：30mm

雄鱼｜体长：28mm

鲤形目｜鲤科｜细鲫属

林氏细鲫

Aphyocypris lini

形态

体延长，细小，长而侧扁。头小。吻圆钝。口小，下颌稍突出。无须。眼大。体披圆鳞，鳞中等大，无侧线。体棕青色，腹部白色。雄鱼体侧从吻端至尾鳍基部有1条较宽的橙红色纵纹，雌鱼则为青色纵纹。尾鳍基部有1块圆形黑斑。

生态及习性

为淡水小型鱼类。对水质要求较高，生活在水质清澈、水生植物生长繁盛的溪流静水区中。摄食浮游动物、植物碎屑、青苔、丝状藻类等。

分布

闽江。

保护级别

《中国生物多样性红色名录》评估等级 CR。

仔鱼

| 摄食 |

体长：40mm

中华细鲫

Aphyocypris chinensis

形态

体延长，侧扁，腹面自胸部至腹鳍圆形。头稍侧扁，颇宽。吻宽，短而圆钝。眼中大，上侧位。鼻孔每侧 2 个。口大，前位，斜裂，向后伸达眼前缘下方。下颌稍突出。无须。体披圆鳞，鳞片大。侧线不完全，后延但不伸越胸鳍末端上方。体背侧银灰色，体侧和腹部白色。

生态及习性

为生活于河沟、渠道、池塘、水田或山涧水域的小型鱼类。游动迅速。杂食性，摄食浮游动物、植物碎屑、青苔、丝状藻类等。

分布

闽江、木兰溪。

保护级别

《中国生物多样性红色名录》评估等级 LC。

｜ 侧线短 ｜

鲤形目 | 鲤科 | 大吻鱥属

尖头鱥

Rhynchocypris oxycephalus

形态

体延长，侧扁，腹部圆。吻中长，稍尖突。眼较小，上侧位。鼻孔每侧 2 个。口较大、前位，腹视马蹄形，口裂倾斜，伸达眼前缘下方。上下颌约等长。无须。体背灰黄色，腹部灰白色。

生态及习性

栖息于山区溪涧中。杂食性，食水生无脊椎动物及植物碎屑。

分布

闽江。

保护等级

《中国生物多样性红色名录》评估等级 LC。

体长：66mm

长汀拟腹吸鳅

Pseudogastromyzon changtingensis

体长：60mm

鲤形目 | 爬鳅科 | 拟腹吸鳅属

形态

体延长，前部平扁，后部侧扁，背缘在头后隆起，腹部平坦，体高约等于体宽。吻圆钝，边缘较薄，背侧面具刺状疣突。下唇皮质吸附器呈"品"字形。体披小圆鳞，隐埋于皮膜之下，头背及胸鳍基部上方的体背无鳞。侧线完全，但胸鳍基部上方无鳞片，仅具侧线孔，向后伸达尾鳍基部。体背侧褐色，腹部微黄。头背暗褐色，具不明显小圆斑。体背侧具排列整齐的13～15条横斑。背鳍、胸鳍和腹鳍边缘黑色，尾鳍具黑斑组成的条纹。

生态及习性

为淡水底栖鱼类。栖息于溪涧急流中，静伏于石上或沿石壁匍匐爬行。活动范围狭小，夜间活动，在浅滩觅食。摄食水生昆虫及附于石头上或沙中的生物。

分布

汀江。

| 下唇皮质吸附器呈"品"字形 |

花斑拟腹吸鳅

Pseudogastromyzon myseri

体长：45mm

鲤形目｜爬鳅科｜拟腹吸鳅属

形态

体延长，近圆筒形，尾柄稍侧扁。头低。吻端圆钝，边缘较薄。眼较小，上侧位。口弧形，下颌稍外露。体背棕色，腹部灰黄。头部暗黑，有细小虫蚀状斑纹。体背中部有 9 ~ 10 个黑色斑块，体侧密布不规则的小暗斑。背鳍后端有明显的红边。

生态及习性

为淡水底栖鱼类。栖息于山涧急流中，用胸鳍和腹鳍紧贴于水流湍急的岩石上。摄食附生于石上的底栖生物。

分布

九龙江、汀江。

体长：51mm

鲤形目 | 爬鳅科 | 拟腹吸鳅属

形态

体延长，前部平扁，后部侧扁。尾柄长大于高。头宽短，平扁。吻褶发达，向头部腹面延伸。眼小，上侧位，位于头的后半部。鼻孔每侧 2 个，相连，位于眼的前方。口小，下位，浅弧形。唇发达。头部具短须 3 对。侧线完全，平直，位于体侧中央，后延伸达尾鳍基。体背侧青色，体侧具不规则小圆斑。背鳍边缘红色，基部具 1 条横带。

生态及习性

为淡水底栖鱼类。栖息于山涧急流中，用胸鳍和腹鳍紧贴于水流湍急的岩石上。摄食附生于石上的底栖生物。

分布

汀江。

圆斑拟腹吸鳅

Pseudogastromyzon cheni

体长：63mm

拟腹吸鳅

Pseudogastromyzon fasciatus

鲤形目 | 爬鳅科 | 拟腹吸鳅属

形态

体延长，前部平扁，后部侧扁，背缘在头后隆起，腹部平坦。头宽短，平扁。吻宽长，前缘圆形。眼小，圆形，上侧位。鼻孔每侧 2 个，相连。口小，下位，浅弧形。体披细小圆鳞；腹部无鳞，头部无鳞。侧线 完全，位于体侧中央，后延达尾鳍基。体背侧棕黑色，腹部白色。体侧具十余条黑褐色横带，背鳍边缘具 1 条黑色带。

生态及习性

为淡水底栖鱼类。栖息于溪涧急流中，静伏于石上或沿石壁匍匐爬行。活动 范围狭小，夜间活动，在浅滩觅食。摄食水生昆虫及附于石上或沙中的生物。

分布

闽江、晋江、木兰溪。

鲤形目 | 爬鳅科 | 台鳅属

花尾台鳅
Formosania fasciicauda

形态

体延长，前部平扁，后部侧扁，背缘在背鳍前方略呈弧形，腹面平坦。头宽短，平扁。吻长，宽扁，前缘圆形。吻褶不发达，不与上唇相连。眼小，圆形，上侧位，位于头的后半部。鼻孔每侧2个，相连。口小，下位，腹视弧形。唇发达，上下唇在口角相连。侧线平直，位于体侧中央。体侧及背部具断续、不规则的褐色斑块，腹部浅色，沿侧线具1条黑色波纹状宽纵带，头的背面具不规则褐色斑纹。背鳍具2条褐色条纹，尾鳍具3～4条褐黑色条纹。

生态及习性

为淡水底栖鱼类。栖息于江河中上游底质为岩石沙砾、水流湍急的溪涧中。摄食附生于岩石附近的底栖小型无脊椎动物。

分布

闽江、九龙江、汀江、木兰溪等。

体长：60mm

达氏台鳅

Formosania davidi

鲤形目｜爬鳅科｜台鳅属

形态

体延长，前部平扁，后部侧扁，背缘在背鳍起点处隆起，后方平直，腹部平坦。头短，平扁。吻长，平扁，圆钝。眼小，圆形，上侧位，位于头的后半部。鼻孔每侧 2 个，相连。口小，下位，腹视弧形。侧线完全，约位于体侧中央，向后伸达尾鳍基。体背部浅褐色，具 9 条暗色横带，腹部浅色。尾鳍具 2 条暗色带纹，基底具 1 块黑色斑点。

生态及习性

为淡水底栖鱼类。栖息于山涧急流中，用胸鳍和腹鳍紧贴于水流湍急的岩石上。摄食附生于石上的底栖生物。

分布

闽江。

体长：69mm

鲤形目 | 爬鳅科 | 原缨口鳅属

裸腹原缨口鳅

Vanmanenia gymnetrus

形态

体延长，前部平扁，后部侧扁，背缘在背鳍起点处隆起，后方平直，腹部平坦。头短，平扁。吻长，平扁，圆钝。眼小，圆形，上侧位，位于头的后半部。鼻孔每侧2个，相连。口小，下位，腹视弧形。唇发达，上下唇在口角相连。侧线完全，平直，位于体侧中央，向后伸达尾鳍基。体背侧浅褐色，腹部白色。头部和体侧具不规则云状或虫蚀状黑褐色斑纹，背部正中在背鳍的前后方有时具黑褐色短横纹数条。尾鳍基的中央隐具1块黑色小斑，尾鳍具4～5条由黑色斑点组成的条纹。

生态及习性

为淡水底栖鱼类。栖息于山涧急流中，用胸鳍和腹鳍紧贴于水流湍急的岩石上。摄食附生于石上的底栖生物。

分布

闽江、九龙江、汀江等。

保护级别

《中国生物多样性红色名录》评估等级 LC。

体长：73mm

纵纹原缨口鳅

Vanmanenia caldwelli

鲤形目 | 爬鳅科 | 原缨口鳅属

形态

体延长，前部稍平扁，后部侧扁。头短小，平扁。眼小，圆形，上侧位，位于头的后半部。鼻孔每侧 2 个，位于眼的前方。口小，下位，腹视弧形。唇发达，上下唇在口角相连，上唇覆盖上颌，突出口外。体披细小圆鳞，头部及胸腹部无鳞。侧线完全平直，位于体侧中央，向后伸达尾鳍基。体背侧浅褐色，腹部白色。背部正中自背鳍基部前方至头后具 1 条黑色纵带，沿侧线也具 1 条黑色纵带。背鳍鳍条上具黑色小点，排列成 4 行。尾鳍基的中央具 1 条黑色小斑，尾鳍鳍条上具 3 条黑色横纹。其余各鳍白色。

生态及习性

为淡水底栖鱼类。栖息于山涧急流中，用鳍和腹鳍紧贴于水流急的岩石上。摄食附生在石上的底栖生物。

分布

闽江。

体长：45mm

鲤形目 | 花鳅科 | 花鳅属

中华花鳅

Cobitis sinensis

形态

体延长，侧扁，背缘平直，腹部圆形。头小，侧扁，稍尖。眼小，圆形，上侧位。眼下棘短，末端伸达或伸越眼前缘。鼻孔每侧 2 个，相连。口小，下位，腹视弧形。须 5 对。体披细小圆鳞，头部无鳞。侧线仅存在于体的前半部，自鳃孔后上角延伸至胸鳍后端上方。体侧上半部具暗色纵带数行，常断裂成斑块。中央及背部各具 1 块纵行暗斑。头部具暗色小点，眼前缘至吻端具 1 条黑色斜带。臀鳍、腹鳍、胸鳍浅色。

体长：102mm

生态及习性

为淡水小型底层鱼类。栖息于水质较肥的江边、湖岸的浅水处，或泥沙底质的静水水体中，底栖生活。摄食植物叶片和藻类。

分布

各大水系广泛分布。

保护级别

保护级别《中国生物多样性红色名录》评估等级 LC。

鲤形目｜花鳅科｜华沙鳅属

中华沙鳅 *Sinibotia superciliari*

形态

体延长、侧扁，背缘自背鳍起点向吻端倾斜，腹部圆形。头侧扁而尖，吻长而突出。眼小、圆形，上侧位。鼻孔每侧 2 个，相连。口小、下位，腹视马蹄形，口裂伸达前鼻孔前缘下方。上颌长于下颌。头部具须 3 对，吻须 2 对，颌须 1 对。体披细小圆鳞，颊部无鳞。侧线平直，位于体侧中央，后延伸达尾鳍基。体背侧灰棕色，腹部浅棕色。体侧自鳃盖后缘至尾鳍基具 8～9 条黑褐色宽横带，伸达或不伸达腹部。背鳍中部和基部各具 1 条深褐色条纹，尾鳍上下叶各具 3 条深褐色条纹。

生态及习性

为小型底栖鱼类。栖息于有沙底的河流中，常将身体隐藏于沙中，仅露出头部。摄食水生昆虫及藻类。

分布

九龙江上游。

保护等级

《中国生物多样性红色名录》评估等级 VU。

体长：58mm

鲤形目 | 条鳅科 | 小条鳅属

Traccatichthys pulcher

美丽小条鳅

形态

体延长，侧扁，背缘稍平直，腹部圆。头小，侧扁。吻突出，圆钝。眼小，上侧位。鼻孔每侧 2 个，相连，位于眼前方。口小，下位。头部具须 3 对。体披细小圆鳞，头部无鳞。侧线完全，平直，伸达尾鳍基。体背侧棕褐色，腹部淡棕色。体侧沿侧线具 1 条由不规则斑块断续组成的棕色纵带，背侧及腹侧各具 1 条由斑点或斑块组成的深色纵带。尾鳍基部中央具 1 条青蓝色圆斑或长斑。

生态及习性

为淡水底层鱼类。栖息于泥沙底质的近岸浅水处。摄食水生昆虫和植物碎屑。

分布

汀江、漳江。

保护等级

保护级别《中国生物多样性红色名录》评估等级 LC。

附记

《福建鱼类志》记载省内有分布，实际采集过程中在福建省内未采到该鱼种。

体长：52mm

体长：68mm

宽斑薄鳅

Leptobotia tchangi

鲤形目 | 花鳅科 | 薄鳅属

形态

体延长，前部亚圆筒形，后部侧扁，背缘平直腹部平坦。头侧扁而尖，吻长而突出。眼小，长圆形，上侧位。鼻孔每侧 2 个，相连。口小，下位，上颌长于下颌。头部具须 3 对。侧线完全，平直，约位于体侧中央，向后伸达尾鳍。体背侧灰褐色，腹部淡棕色，体背具数 1 条宽横带。

生态及习性

为小型底层鱼类。栖息于多岩石和水流急的水域。摄食水生昆虫和底栖无脊椎动物。

分布

闽江。

| 背部的宽斑 |

横纹南鳅

Schistura fasciolata

形态

体延长，前部亚圆筒形，后部侧扁，背缘平直，腹部平坦，尾柄上下方具短而不发达的狭窄隆起。头钝而平扁。眼小，长圆形，上侧位。鼻孔每侧2个，相连。口小，下位，腹视弧形。上颌中央呈半圆形突出，下颌中央具1块缺刻。唇发达，上下唇褶在口角相连。头部具须3对，吻须2对，颌须1对。体背侧灰褐色，腹部淡棕色。体侧具14～16条褐色横带，在背鳍前方的横带呈断续斑块。尾鳍基具1条黑色横纹。

生态及习性

为小型底层鱼类。栖息于多岩石和水流缓慢的水域。杂食性，摄食水生昆虫和底栖无脊椎动物，也食岩石上苔藓。

分布

九龙江、汀江。

体长：63mm

鲤形目 | 花鳅科 | 薄鳅属

扁尾薄鳅 *Leptobotia tientainensis*

形态

体很侧扁，尾柄处尤甚。眼小，眼缘游离。口下位，腹视深弧形。须3对，吻须2对、颌须1对。体紫灰色，无斑纹。尾柄宽而扁薄。背腹鳍相对。尾鳍分叉，末端圆。

生态及习性

生活于溪河底层。主要摄食水生昆虫、底栖无脊椎动物。

分布

闽江上游。

体长：43mm

福建纹胸鮡
Glyptothorax fukiensis

形态

体延长，前部略平扁，后部稍侧扁。头宽，圆钝，前部平扁，后部稍隆起。吻圆钝，突出，较长。眼很小，背侧位。鼻孔每侧2个。口小，横裂。上颌突出，长于下颌。上颌骨退化，仅伸达后鼻孔下方。头部具须4对。胸部具1个吸着器。体无鳞，皮肤粗糙。侧线平直，沿体侧中部伸达尾鳍基部。体灰黄色或暗褐色，背鳍与胸鳍之间、脂鳍与臀鳍之间以及尾柄处均各具1条灰黑色横斑，上具细小黑点。背鳍边缘白色，基部下方具1块暗色斑，其余各鳍上亦有横斑。

生态及习性

为小型底栖鱼类。栖息于山涧急流中，贴附于石头上匍匐爬行，昼伏夜出。杂食性，摄食小型水生昆虫及其幼虫，也食石头上的附生物等。鳍棘有毒。

分布

闽江上中游各支流、九龙江、汀江等。

保护等级

《中国生物多样性红色名录》评估等级LC。

体长：75mm

越南隐鳍鲇

Pterocryptis cochinchinensis

鲇形目｜鲇科｜隐鳍鲇属

形态

体延长，后部侧扁。头宽圆，平扁。吻宽短，圆钝。眼小，上侧位，眼间隔宽而平坦。鼻孔每侧2个。口宽大，亚前位，呈浅弧形。上颌比下颌长，突出于下颌之前。头部具须2对：颌须1对，较长，向后可伸达臀鳍起点或稍后；额须1对，较短，末端伸达鳃盖后缘。体无鳞，皮肤光滑。侧线完全，平直，伸达尾鳍基部。体背侧灰褐色，腹部灰白色。各鳍灰色。

生态及习性

为小型底栖鱼类。生活于水流缓慢、水质较清的山涧溪流中。摄食水生昆虫及其幼虫。胸鳍棘基部有毒腺，人被刺后剧痛。

分布

闽江、九龙江、汀江、晋江、木兰溪等。

保护等级

《中国生物多样性红色名录》评估等级LC。

体长：85mm

池塘沟渠鱼类

池塘沟渠这类水域一般面积较小，

水较浅，水流接近静止。

水域周围通常长有茂密的草本植物，

水底沉淀了一层厚厚的淤泥。

因水体肥沃，水中的浮游藻类以及浮游生物的数量相当丰富，

适合鳑鲏、斗鱼等小型杂食性鱼类生存。

高体鳑鲏

Rhodeus ocellatus

形态

体侧扁，卵圆形，背面至背鳍起点处隆起。头短小、三角形。吻短而钝。眼较大，眼径稍大于吻长。鼻孔每侧 2 个，位于眼的前上方。口小、前位。口角无须。体披圆鳞，鳞中大。侧线不完全。体侧淡棕色，背部呈金属绿色，腹部白色。背鳍基部中点前下方沿尾柄中线具 1 条蓝色纵纹。腹鳍硬棘为白色。

生态及习性

为底层鱼类。生活于江河、河沟及池塘的静水浅水处。杂食性，多摄食藻类。繁殖期雌鱼会延伸出产卵管将卵产于河蚌中，受精卵固着在鳃瓣之间发育孵化。

分布

各大水系广泛分布。

保护等级

《中国生物多样性红色名录》评估等级 LC。

雄鱼 | 体长：43mm

雌鱼 | 体长：

鲤形目 | 鲤科 | 鳑鲏属

中华鳑鲏

Rhodeus sinensis

形态

体侧扁，卵圆形。头小。吻短而钝。眼较大。鼻孔每侧 2 个，位于眼的前上方。口小，前下位。口角无须。体披圆鳞，鳞中大。侧线不完全。体背淡棕色，体侧及腹部白色。自臀鳍起点的正上方沿尾柄中线具 1 条蓝色纵带，背鳍和臀鳍边缘具橘黄色与黑色相间色带。

生态及习性

为底层鱼类。生活于池塘沟渠、水库等浅水中，常栖息于泥沙较多、水生植物生长的水域。杂食性，多摄食藻类。

分布

闽江。

保护等级

《中国生物多样性红色名录》评估等级 LC。

雌鱼 | 体长：50mm　　　　　　　　　　雌鱼 | 体长：35mm

体长：45mm

鲤形目 | 鲤科 | 鳑鲏属

方氏鳑鲏

Rhodeus fangi

形态

体侧扁，卵圆形。头小。吻短而钝。眼较大。鼻孔每侧2个，位于眼的前上方。口小，前下位。口角无须。体披圆鳞，鳞中大。侧线不完全。体背侧淡棕色，体侧及腹部白色，吻端红色。自臀鳍起点的正上方沿尾柄中线具1条蓝色纵带。背鳍边缘具微红色色带，臀鳍边缘具红黑相间色带。

生态及习性

为底层鱼类。生活于池塘沟渠、水库等浅水中，常栖息于泥沙较多、水生植物生长的水域。杂食性，多摄食藻类。

分布

闽江。

保护等级

《中国生物多样性红色名录》评估等级 LC。

体长：65mm

鲤形目 | 鲤科 | 鱊属

须鱊

Acheilognathus barbatus

形态

体侧扁，长卵圆形。头短小，三角形。吻较尖突。眼中大，侧位。鼻孔每侧 2 个，位于眼前缘上方，前后鼻孔之间具鼻瓣。口小，前下位，腹视马蹄形。口角须 1 对。体披圆鳞，鳞中大。侧线完全，浅弧形下弯。体青绿色，腹部浅色。鳃孔后上方具 1 块青斑。自背鳍中点前下方沿尾柄中线具 1 条蓝红相间纵纹。臀鳍灰黑色，边缘白色。腹鳍硬棘为白色。

生态及习性

为底层鱼类。生活于池塘沟渠浅水中，常栖息于泥沙较多、水生植物生长的水域。杂食性，多摄食藻类。

分布

闽江。

保护等级

《中国生物多样性红色名录》评估等级 LC。

Acheilognathus chankaensis

兴凯鱊

形态

体侧扁，长椭圆形。头短小。吻短钝，吻长短于眼径。眼中大，约等于眼间隔。鼻孔每侧2个，位于眼前上方。口小，前位。口角无须。体披圆鳞，鳞中大。侧线完全，较平直，伸达尾柄中央。体银白色，背侧灰黑色。自臀鳍起点前上方沿尾柄中线具1条蓝色细纵纹。背鳍灰色，具2条斜列黑白相间条纹。雄鱼臀鳍边缘具1条白边。

生态及习性

为淡水底层鱼类。生活于江河、河沟及池塘的静水浅水处。摄食硅藻、蓝绿藻、丝状藻类等植物性饵料。

分布

闽江、九龙江、晋江、木兰溪等。

保护级别

《中国生物多样性红色名录》评估等级 LC。

雄鱼 | 体长：72mm

雌鱼 | 体长：62mm

体长：52mm

鲤形目｜鲤科｜鱊属

长汀鱊 *Acheilognathus changtingensis*

形态

体侧扁，长圆形。头后背部不显著隆起。头短小。吻短圆钝。吻长稍小于眼径。眼较大，近吻端。鼻孔每侧 2 个，位于眼缘前上方。口小，前下位，腹视马蹄形。口角具须 1 对，须长约等于眼径。体披圆鳞，鳞较大。侧线完全，弧形弯曲，伸达尾柄中部。体银白色，雄鱼鳃盖上角清晰可见有 1 块蓝色小斑点，雌鱼不明显。沿尾柄中央有 1 条黑色纵纹。背鳍灰白色，臀鳍较背鳍颜色更浅，雄鱼臀鳍外缘镶有白边。背鳍、臀鳍、腹鳍和头部均分布有散状黑点。

生态及习性

为淡水底层鱼类。喜栖息于水草繁生的环境。摄食植物的叶片、藻类及水生无脊椎动物。

分布

汀江。

短须鱊

Acheilognathus barbatulus

体长：77mm

鲤形目 ｜ 鲤科 ｜ 鱊属

形态

体侧扁，长卵圆形。头后背部稍隆起，腹部浅弧形。头短小，三角形。吻较尖突。眼中大，侧位。鼻孔每侧 2 个，位于眼前缘上方。口小，前下位，腹视马蹄形。口角须 1 对。体披圆鳞，鳞中大。侧线完全，较平直。体青蓝色，鳃盖后上方具 1 块青斑。臀鳍边缘具 1 条白边，腹鳍硬棘为白色。

生态及习性

为淡水中下层鱼类。栖息于泥沙底质、有水草生长的静水水域。摄食水生植物或腐败物。

分布

闽江、晋江。

保护等级

《中国生物多样性红色名录》
评估等级 LC。

非繁殖期体色

齐氏田中鳑鲏
Tanakia chii

形态

体侧扁，长圆形。头后背部不显著隆起。头短小。吻短圆钝，吻长稍小于眼径。眼较大，近吻端。鼻孔每侧2个，位于眼缘前上方。口小，前下位，腹视马蹄形。口角具须1对。体披圆鳞，鳞较大。侧线完全，弧形弯曲，伸达尾柄中部。体灰黄色，体侧中央自臀鳍上方至尾鳍后端具1条蓝色纵纹。背鳍灰色，近边缘具1条黄黑相间色带。臀鳍红色，近边缘具1条红黑相间色带。

生态及习性

为淡水底层鱼类。喜栖息于水草繁生的环境。摄食高等植物的叶片、藻类及水生无脊椎动物。繁殖期除了雄鱼会争夺河蚌，雌鱼也会争夺河蚌进行产卵。

分布

闽江、九龙江、晋江、木兰溪等水系。

雄鱼 | 体长：65mm

福州地域表现形态

莆田地域表现形态

泉州地域表现形态

雌鱼 | 体长：45mm

雄鱼间相互夸示

麦穗鱼

Pseudorasbora parva

形态

体延长，低而侧扁，腹部圆，尾柄较长。头小，稍尖，向吻部渐平扁。吻中大，尖而突出，大于眼径。眼中大，上侧位。鼻孔每侧2个，紧相邻，位于眼的前方。口小，上位。体披圆鳞，鳞中大。侧线完全，较平直，伸达尾柄中央。体背侧银灰色微黑，腹侧淡白色。体侧鳞片边缘具新月形黑斑，幼鱼通常在体侧中央从吻经眼至尾鳍基，具1条黑色纵纹。

生态及习性

为常见小型鱼类。栖息于湖沼沿岸、湖湾、河沟等浅水区，常隐匿于水草丛中摄食浮游动物、水生昆虫，也食水生植物和低等藻类。

分布

各大水系均有分布。

保护等级

《中国生物多样性红色名录》评估等级 LC。

体长：68mm

鲤形目 | 花鳅科 | 泥鳅属

泥鳅 *Misgurnus anguillicaudatus*

形态

体延长，前部亚圆筒形，后部侧扁，腹部圆形。头中大，稍侧扁，近圆锥形。吻尖长，稍突出。眼小，上侧位。鼻孔每侧2个，相连，位于眼前方。口小，下位，腹视马蹄形。须5对。体披圆鳞，鳞细小，埋于皮下，头部无鳞。侧线不显著，仅位于体之前半部。体背侧灰黑色，密具不规则黑色斑点，腹部白色或淡黄色。背鳍和尾鳍密具小黑点，尾鳍基部上方有1块黑斑。

生态及习性

为淡水小型底层鱼类。栖息于河川、池塘、稻田、沟渠、湖泊的淤泥表面。食性杂，以水生无脊椎动物及藻类为食。对环境适应力强，除能用鳃进行呼吸外，肠壁血管丰富，且能进行肠呼吸。水中溶氧不足时，常浮出水面吞吸空气。

分布

各大水系均有分布。

保护等级

《中国生物多样性红色名录》评估等级LC。

体长：96mm

体长：103mm

大鳞副泥鳅

Paramisgurnus dabryanus

形态

体延长，前部亚圆筒形，后部侧扁，腹部圆形。头小，侧扁，圆锥形。吻长，稍尖。眼小，圆形，上侧位，眼间隔宽，稍隆起。鼻孔每侧2个，相连，位于眼的前方。口小，下位，腹视弧形。须5对。体披圆鳞，鳞小，头部无鳞。侧线不完全，仅位于体的前半部。体背侧暗褐色，腹部灰白色。体侧密具暗色小点，背鳍、尾鳍具暗色小点，排列成行，其余各鳍浅色。

生态及习性

为淡水小型底层鱼类。栖息于河川、池塘、稻田、沟渠、湖泊的淤泥表面。食性杂，摄食昆虫、小型甲壳动物、扁螺、高等水生植物、藻类，也食腐殖质等。

分布

闽江。

保护等级

《中国生物多样性红色名录》评估等级LC。

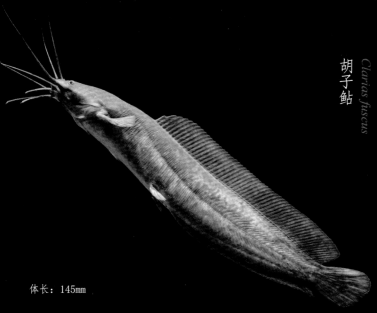

胡子鲇

Clarias fuscus

体长：145mm

鲇形目 | 胡子鲇科 | 胡子鲇属

形态

体延长，前部平扁，后部侧扁。头宽而平扁，头背及两侧具骨板。吻圆钝，宽短，突出。眼小，上侧位。眼间隔宽平。鼻孔每侧2个。口大，亚前位，平横。上颌突出，长于下颌。头部具须4对。体无鳞，皮肤光滑。侧线平直，沿体侧中部伸达尾鳍基部。体暗灰色或灰黄色，腹部灰白色。各鳍灰黑色。

生态及习性

为底层鱼类。栖息于河川、池塘、水草茂盛的沟渠、稻田和沼泽的黑暗处或洞穴内。喜群栖，有时数十尾甚至百来尾聚集于大洞穴内或乱石堆中。鳃腔内具辅呼吸器，其上密布血管，可直接利用空气中的氧来进行交换气体，故能在水分 很少的条件下生存，在干燥时节营穴居生活，能数月不死。性凶猛，行动活泼，夜间出穴捕食。摄食各种小鱼、小虾、水生昆虫、小型软体动物和甲壳类。

分布

各大水系均有分布。

保护等级

《中国生物多样性红色名录》评估等级LC。

雄鱼｜体长：70mm

雌鱼｜体长：48mm

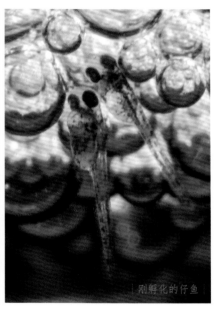
刚孵化的仔鱼

鲈形目｜斗鱼科｜斗鱼属

叉尾斗鱼
Macropodus opercularis

形态

体长，卵圆形，较侧扁。头中大，侧扁。吻短而尖突。眼大，上侧位。鼻孔每侧2个。口小，上位，稍斜裂，口裂仅伸达前鼻孔下方。下颌稍突出。体披中大圆鳞。侧线退化，不明显。体灰绿色。体侧具8～10条蓝黑色横带，鳃盖后缘具1块蓝色圆斑，背鳍和臀鳍边缘红色，鳞片上有紫蓝色亮光。雄体在生殖期体色更显艳丽。

生态及习性

生活于江河支流、小溪、河沟、池塘、稻田等。摄食浮游动物、小型昆虫及其幼虫等，也食丝状藻类。产卵前雄鱼先在水面上吐出气泡群，雌鱼就将卵产于气泡群中。

分布

各大水系均有分布。

保护等级

《中国生物多样性红色名录》评估等级 LC。

体长：61mm

鲈形目 | 斗鱼科 | 斗鱼属

香港斗鱼

Macropodus hongkongensis

形态

体长卵圆形，较侧扁。头中大，侧扁。吻短而尖突。眼大，上侧位。鼻孔每侧2个。口小，上位，稍斜裂，口裂仅伸达前鼻孔下方。下颌稍突出。体披中大圆鳞。侧线退化，不明显。体深黄色，鳃盖后缘具1块青色圆斑。尾部花纹为蜘蛛网纹状。

生态及习性

生活于山区河沟、池塘、稻田中，杂食性，摄食浮游生物、小型水生昆虫及丝状藻类。

分布

海拔较高山区。

合鳃鱼目｜合鳃鱼科｜鳝鱼属

形态

体细长，蛇形，前部近圆筒形，向后渐细、侧扁，尾细尖。头部膨大，前端略呈圆锥形。吻长，钝尖。眼小，上侧位。鼻孔每侧 2 个。口大，前位，口裂伸越眼后下方。上颌稍突出于下颌。无须。体无鳞，皮肤光滑。侧线明显，纵贯体侧中线。体背部黄色或黄褐色，腹部色较淡。

生态及习性

为中型底栖鱼类，常生活于稻田和靠近稻田的池塘、河沟中。喜栖息在腐殖质多的泥质水底的泥窟中，在田埂或堤岸边钻洞穴居。白天潜伏，夜间外出觅食。鳃不发达，借口腔及喉腔的内壁表皮辅助呼吸，直接吸入空气，因而离水不易死亡。肉食性，主要摄食昆虫及其幼虫，亦捕食蝌蚪、幼蛙和小鱼、小虾等。鳝鱼在个体发育过程中有性逆转特性，从胚胎期至性成熟期，生殖腺全为卵巢。在此阶段为雌性个体，产卵后，卵巢逐渐变成精巢，变成雄性个体。

分布

各大水系均有分布。

保护等级

《中国生物多样性红色名录》评估等级 LC。

鳝鱼

Monopterus albus

体长：235mm

体长：26mm

颌针鱼目 | 大颌鳉科 | 青鳉属

青鳉

Oryzias latipes

形态

体延长，稍侧扁，背部平直，腹部圆突。头中大，较宽，前端平扁。吻宽短。眼较大，侧位。鼻孔每侧2个。口小，上位，横裂，能伸缩。上颌较下颌短，下颌向上突出。体披较大圆鳞。无侧线。体背侧银灰色，体侧及腹面银白色。个体小，最大个体的体长不超过4厘米。

生态及习性

为生活于静水或缓流水体表层的小型鱼类。一般成群在沟渠、池塘、稻田的水表层游动。摄食小型无脊椎动物。生活力极强，特别对水中氧气和温度的变化有较强的适应力。

分布

闽江。

保护等级

《中国生物多样性红色名录》评估等级LC。

河流湖泊鱼类

河流及湖泊是由一定区域内地表水和地下水补给，

各个溪流汇入形成的。

河流水量较大，流程较长。

湖泊水域面积大，水深。

河流湖泊一般生活着杂食性及肉食性中大型鱼类。

人类对河流湖泊进行开发利用较早，

水质较为浑浊。

鲈形目 | 鮨鲈科 | 鳜属

翘嘴鳜

Siniperca chuatsi

形态

体延长，侧扁，眼后至背鳍起点稍隆起。头中大，吻尖突。眼中大，上侧位。鼻孔每侧 2 个。口大，口裂稍斜。下颌突出，上颌骨后端伸达或伸越眼后缘下方。体披小圆鳞。吻部及眼间隔无鳞。侧线浅弧形，伸达尾鳍基。体灰褐带青黄色，体侧具不规则褐色斑点和斑块，背鳍鳍棘部具不规则斑点，尾鳍圆形。

生态及习性

生活于江河湖泊中，性凶猛，肉食性。主要摄食小鱼，其次为虾类，有时吞食同类。捕食时瞬间张开大口，口腔内形成真空，将猎物吸入。不喜集群，白天潜居。鳍棘有毒，人被刺伤后感到强烈灼痛。

分布

闽江。

保护等级

《中国生物多样性红色名录》评估等级 LC。

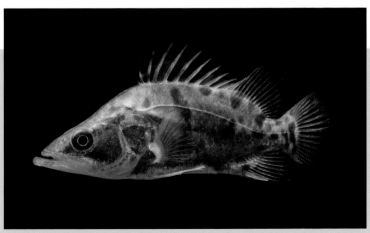

体长：165mm

鲈形目 | 鮨鲈科 | 鳜属

形态

体延长，侧扁，略呈纺锤形。头中大，吻尖突。眼中大，上侧位。鼻孔每侧 2 个，互相靠近，位于眼前。口大，斜裂。下颌稍突出，上颌后端伸达眼后缘下方。头体均披小圆鳞，吻部及眼间隔无鳞。侧线斜直，伸达尾鳍基部。体背面及侧面呈灰褐色，腹部白色，体侧具许多大小不等褐色睛状斑。

生态及习性

生活于江河湖泊中，多在水的中下层活动。食肉性，性极凶猛，捕食虾类和小型鱼类。

分布

闽江、汀江。

保护等级

《中国生物多样性红色名录》评估等级 LC。

斑鳜 *Siniperca scherzeri*

体长：193mm

鲈形目｜鮨鲈科｜鳜属

暗鳜

Siniperca obscura

形态

体延长，侧扁，背面和腹面均呈浅弧形。头中大，吻钝尖。眼中大，圆形，上侧位。口中大，斜裂。两颌约等长，上颌骨后端伸达眼前缘。体披细小圆鳞，眼间隔及吻部无鳞。侧线浅弧形，伸达尾鳍基部。体暗褐色，隐具不规则斑点和斑块，自吻端至眼后具1条褐色斜带，眼下至前鳃盖骨下缘具1条褐色横带。

生态及习性

生活于江河湖泊中，多在水的中下层活动。食肉性，性极凶猛，捕食虾类和小型鱼类。

分布

闽江。

保护等级

《中国生物多样性红色名录》评估等级 NT。

体长：106mm

附记

《福建鱼类志》记载省内有分布，实际采集过程中在福建省内未采到该鱼种。

鲈形目｜鮨鲈科｜鳜属

大眼鳜

Siniperca knerii

形态

体延长，侧扁，背面自眼后至背鳍起点平斜或浅弧形。头中大，吻尖突。眼颇大，上侧位。鼻孔每侧 2 个，互相靠近，位于眼前方。口大，斜裂。下颌突出，上颌骨后端伸达眼缘下方。体披小圆鳞。侧线浅弧形，伸达尾鳍基。体灰褐带青黄色，腹部白色，体侧具不规则黑色斑点及斑块。吻端至背鳍第三鳍棘下方具 1 条黑色斜纹。背鳍、臀鳍和尾鳍均具黑点，常排列成行，背鳍鳍棘部鳍膜边缘黑色。

生态及习性

生活于江河湖泊中，性凶猛，肉食性。主要摄食小鱼小虾。

分布

闽江。

保护等级

《中国生物多样性红色名录》评估等级 LC。

体长：165mm

体长：168mm

鲈形目 | 鮨鲈科 | 鳜属

长体鳜
Siniperca roulei

形态

体延长，稍侧扁，略呈亚圆筒形，背面浅弧形，腹面较平直。头中大，吻长而尖突。眼大、圆形，上侧位。鼻孔每侧2个，互相靠近，位于眼前方。口大、口裂低斜。下颌突出，上颌骨后端伸达眼中部或后缘下方。体披小圆鳞。侧线浅弧形，伸达尾鳍基。体黄褐色，具不规则黑色斑点及斑块。背鳍、尾鳍、臀鳍及腹鳍均具黑色点纹。

生态及习性

栖息于江河急流的岩洞或石缝中，白天潜居，晚上出动觅食，有伏击捕食习性，摄食鱼类和虾类。

分布

闽江。

保护等级

《中国生物多样性红色名录》评估等级 VU。

附记

《福建鱼类志》记载省内有分布，实际采集过程中在福建省内未采到该鱼种。

鳗鲡目 | 鳗鲡科 | 鳗鲡属

花鰻鲡 *Anguilla marmorata*

形态

体延长，躯干部圆柱形，尾部侧扁。头较大，前部圆钝，稍平扁。吻中大，圆钝。眼小，圆形。鼻孔每侧2个，位于眼前缘的前方。口宽大，前位，口裂伸达眼的远后方。体披细长小鳞，侧线孔明显。头和体背侧灰褐色，腹面淡棕色。体侧及鳍上散具不规则云状花纹及大小均匀的灰黑色斑点。

生态及习性

为降河性洄游鱼类。生活于江河干、支流的上游，常栖息于山涧、溪流和水库的乱石洞穴中，多在夜间活动。性凶猛，摄食鱼类、虾类、蟹类、水生昆虫。

分布

各大水系均有分布。

保护等级

《中国生物多样性红色名录》评估等级 EN。

体长：355mm

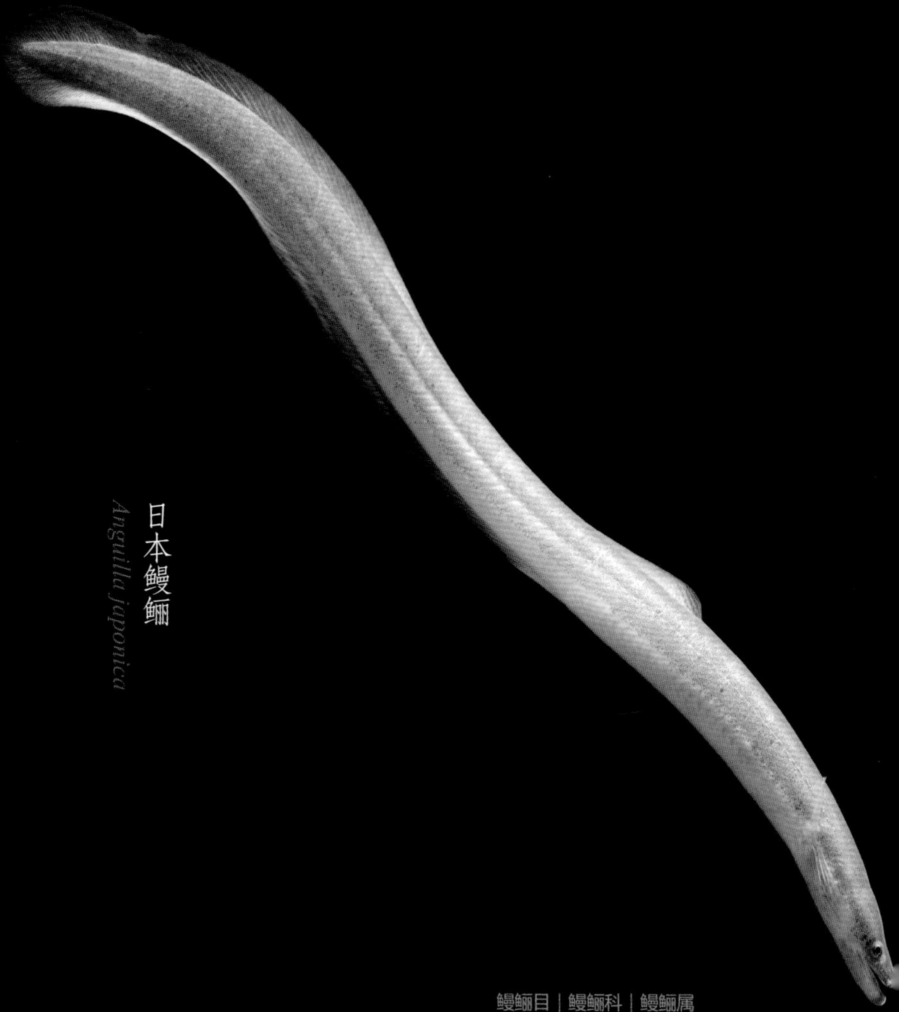

日本鳗鲡

Anguilla japonica

鳗鲡目 | 鳗鲡科 | 鳗鲡属

形态

体延长，躯干部圆柱形，尾部侧扁。头中大，钝锥状，前部稍平扁。吻中长，圆钝。眼较小，埋于皮下。鼻孔每侧 2 个。口大、微斜、前位，口裂伸达眼后缘下方。下颌稍长于上颌。侧线孔明显。体背暗绿褐色，腹部白色。背鳍和臀鳍后部边缘黑色，胸鳍淡白色。

体长：265mm

生态及习性

　　为一种降河性洄游鱼类。平时栖息于江河、湖泊、水库和静水池塘的 土穴、石缝里。喜暗怕光，昼伏夜出，有时从水中游上陆地，经潮湿草地移居到别 的水域。摄食小鱼、田螺、蛏、蚬、沙蚕、虾、蟹、小型甲壳动物和水生昆虫等。雄鱼常 在河口成长，雌鱼上溯进入江河的干、支流各水体中成长。每年秋末冬初，亲鱼的性腺尚处于发育期时即从淡水水域向河口移动，相互缠绕成鳗球，随水流出海进行降河产卵洄游。性腺在洄游过程中逐渐成熟，在太平洋马里亚纳群岛区域产卵，仔鳗漂流于暖流海面以下，摄食海洋浮游生物，经过变态发育，最后成为幼鳗，游向河口。幼鳗逆水上游，在各干支流中生长和肥育。

分布

　　各大水系均有分布。

保护等级

　　《中国生物多样性红色名录》评估等级 EN。

| 鼻孔突出 |

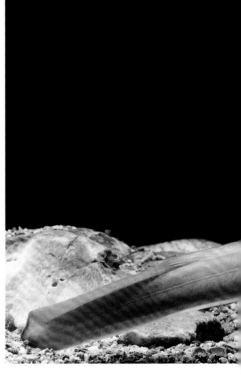

双色鳗鲡

Anguilla bicolor

鳗鲡目 | 鳗鲡科 | 鳗鲡属

形态

　　体延长，躯干部圆柱形，尾部侧扁。头中大，锥状。吻中长，圆钝。眼中大。鼻孔每侧 2 个，前鼻孔管状，较突出。口大，微斜，前位，口裂超过眼后缘下方。下颌稍长于上颌。侧线孔明显。体侧背黄褐色，腹部白色。背鳍起点位于体中部。

体长：235mm

生态及习性

　　为一种降河性洄游鱼类。平时栖息于江河上游。摄食小鱼、田螺、蛏、蚬、沙蚕、虾、蟹、小型甲壳动物和水生昆虫等。

分布

漳江。

保护等级

《中国生物多样性红色名录》评估等级 NT。

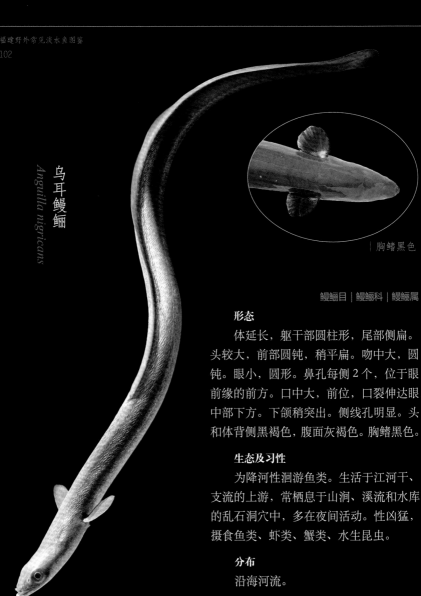

乌耳鳗鲡

Anguilla nigricans

| 胸鳍黑色 |

鳗鲡目 | 鳗鲡科 | 鳗鲡属

形态

体延长，躯干部圆柱形，尾部侧扁。头较大，前部圆钝，稍平扁。吻中大，圆钝。眼小，圆形。鼻孔每侧 2 个，位于眼前缘的前方。口中大，前位，口裂伸达眼中部下方。下颌稍突出。侧线孔明显。头和体背侧黑褐色，腹面灰褐色。胸鳍黑色。

生态及习性

为降河性洄游鱼类。生活于江河干、支流的上游，常栖息于山涧、溪流和水库的乱石洞穴中，多在夜间活动。性凶猛，摄食鱼类、虾类、蟹类、水生昆虫。

分布

沿海河流。

体长：568mm

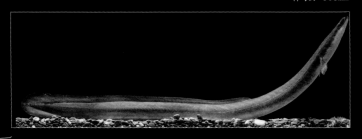

鲇形目 | 鲿科 | 鳠属

斑鳠 *Hemibagrus guttatus*

形态

体延长，前部平扁，后部侧扁，背缘浅弧形，腹缘平直。头中大，宽扁。吻宽钝，平扁。眼中大，上侧位，位于头的前半部。鼻孔每侧 2 个。口大，下位，横裂。上颌突出，稍长于下颌。头部具须 4 对。体无鳞，皮肤光滑。侧线平直，自鳃盖后方沿体侧中央延伸至尾鳍基部。体背侧土黄色，腹部灰白色。体侧、背鳍、臀鳍和尾鳍具细小圆形灰黑色的斑点。

生态及习性

喜在水流湍急、多砾石的江河中生活，白天潜伏于水底或石洞内，夜晚活动、觅食，冬季进入江河深处越冬。肉食性，摄食各种小型鱼类、水生昆虫、螺、虾、蟹等。鳍棘有毒。

分布

九龙江、汀江等。

保护等级

《中国生物多样性红色名录》评估等级 LC。

体长：186mm

鲇形目 | 鲿科 | 鳠属

大鳍鳠

Hemibagrus macropterus

形态

体延长，前部平扁，后部侧扁。头中大，宽扁。吻宽钝而平扁。眼中大，上侧位，位于头的前半部。鼻孔每侧 2 个。口大，下位，腹视浅弧形。上颌突出，长于下颌。头部具须 4 对。体无鳞，皮肤光滑。侧线平直，自鳃盖后方沿体侧中央延伸至尾鳍基部。体背侧暗灰色，体侧分布斑点，腹部灰白色，各鳍灰黑色。

生态及习性

为底栖鱼类。生活于江河水流湍急、多砾石的水体中。白天潜伏于水底或洞穴内，夜晚出来活动、觅食，冬季一般进入深水的江河干流内越冬。性颇凶猛，摄食各种小型鱼类、水生昆虫、软体动物和甲壳类。鳍棘有毒。

分布

闽江、九龙江等。

保护等级

《中国生物多样性红色名录》评估等级 LC。

体长：355mm

鲇形目 | 鲇科 | 鲇属

大口鲇

Silurus meridionalis

形态

体延长，前部亚圆筒形，后部侧扁。头宽扁。吻宽，圆钝。眼小，上侧位，眼间隔宽而平坦。口大，上位，广弧形，口裂伸达眼后缘下方。鼻孔每侧 2 个。头部具须 2 对。体无鳞，皮肤光滑。侧线平直，伸达尾鳍基部。体背侧灰褐色，腹部灰白色。各鳍灰黑色。

生态及习性

为大型鱼类，多生活于江河、水库的深水区内。白天潜伏水底或洞穴内，夜间出来活动觅食。性极凶猛，肉食性，摄食鲫鱼、鲤鱼、泥鳅等中小型鱼类，亦捕食蛙类和落入水中的动物尸体。

体长：186mm

分布

闽江等。

保护等级

《中国生物多样性红色名录》评估等级 LC。

鲇形目 | 鲿科 | 拟鲿属

形态

体延长，前部平扁，后部侧扁，尾柄细长。头中大，前部稍平扁，后部略隆起。吻宽扁，圆钝。眼小，上侧位，位于头的前半部。眼小，眼间隔宽，中央微凹。鼻孔每侧2个。口小，下位，腹视浅弧形。上颌突出，长于下颌。头部具须4对。体无鳞，皮肤光滑。侧线明显，自鳃盖后方沿体侧中央伸达尾鳍基部。体背侧灰褐色，腹部浅灰色。尾鳍微凹，截形，边缘具1条半月形白边。雄性的个体细长，雌性个体较短胖。

生态及习性

为底栖鱼类。多生活于江河水流较缓慢的水域中，一般潜伏于洞穴或岩石缝内，白天潜伏，夜晚出来活动、觅食。摄食各种小型鱼类、水生昆虫、软体动物和甲壳类。鳍棘有毒。

分布

闽江。

保护等级

《中国生物多样性红色名录》评估等级LC。

白边拟鲿

Pseudobagrus albomarginatus

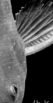

体长：132mm

粗唇拟鲿
Pseudobagrus crassilabris

形态

体延长，前部略平扁，后部侧扁。头中大，头顶为皮膜所覆盖。吻圆钝，突出。眼中大，上侧位。鼻孔每侧 2 个。口下位，腹视浅弧形。上颌突出。头部具须 4 对。体无鳞，皮肤光滑。侧线平直，沿体侧中部伸达尾鳍基部。体灰黄色，腹部浅黄色。

生态及习性

为底栖鱼类。多生活在江河草丛、岩洞及水流缓慢的河岸边，白天潜伏水底或洞穴内，入夜出来觅食。摄食水生昆虫、水生寡毛类、软体动物、虾、蟹和小鱼。鳍棘有毒。

分布

闽江、晋江、交溪等。

保护等级

《中国生物多样性红色名录》评估等级 LC。

体长：168mm

体长：134mm

鲇形目 | 鲿科 | 拟鲿属

短臀拟鲿 *Pseudobagrus brevianalis*

形态

　　体延长，前部平扁，后部稍侧扁，尾柄细长。头中大，平扁，头顶为皮膜所覆盖。吻宽，圆钝，稍突出。眼中大，上侧位，位于头前半部。鼻孔每侧 2 个。口小 ，下位腹视浅弧形。上颌稍突出，长于下颌。头部具须 4 对。体无鳞，皮肤光滑。侧线平直，沿体侧中央伸达尾鳍基部。体背侧暗灰色，腹部灰白色。尾后缘略内凹。

生态及习性

　　为小型底栖鱼类。喜在多泥沙的水域内活动，白天静栖于水底或洞穴内 ，傍晚后开始出来活动、觅食。摄食水生昆虫、小虾和小鱼等。鳍棘有毒。

分布

　　闽江。

Pseudobagrus fulvidraco

黄颡鱼

鲇形目 | 鲿科 | 拟鲿属

形态

体延长，前部宽扁，自吻端至背鳍陡斜，后部侧扁。头大，平扁，头背粗糙，为皮膜所覆盖。吻短而圆钝，稍突出。眼小，上侧位。鼻孔每侧 2 个。口大，下位，腹视浅弧形。上颌稍突出，长于下颌。体无鳞，皮肤光滑。侧线平直，位于体侧中央，伸达尾鳍基部。体背侧青褐色，腹部淡黄色。体侧具 3 个断续不规则的黄黑色斑块。各鳍灰黑色。

生态及习性

为小型底栖鱼类。适应性很强，常栖息于江河、湖泊、水库中。性喜集群，多在水流缓慢、水生植物多的水域内生活，白天静栖于水底或隐藏于洞穴内，夜间活动、觅食。摄食水生昆虫及其幼虫、软体动物和小鱼。鳍棘有毒。

分布

闽江、晋江、九龙江、木兰溪、交溪等。

保护等级

《中国生物多样性红色名录》评估等级 LC。

体长：171mm

鲇形目 | 鲿科 | 拟鲿属

光泽拟鲿 *Pseudobagrus nitidus*

形态

体延长，前部平扁，后部侧扁。头中大，稍平扁。眼小，上侧位，位于头的前半部。鼻孔每侧2个。口下位，腹视浅弧形。上颌突出，长于下颌。头部具须4对，均细小。体无鳞，皮肤光滑。侧线平直，沿体侧中部伸达尾鳍基部。体灰黄色，背侧颜色较深，腹部颜色较浅。各鳍灰褐色。

生态及习性

为小型底栖鱼类。多在江河的支流中生活，白天潜于水底，入夜四处觅食。摄食水生昆虫、小鱼、小虾等。鳍棘有毒。

分布

闽江及九龙江。

保护等级

《中国生物多样性红色名录》评估等级 LC。

体长：145mm

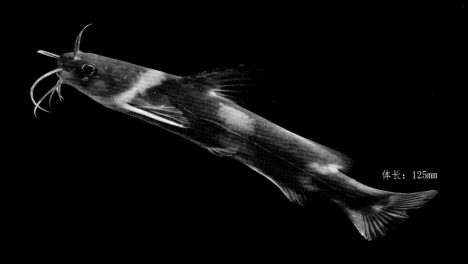

体长：125mm

鲇形目｜鲿科｜拟鲿属

盎堂拟鲿

Pseudobagrus ondon

形态

体颇延长，前部平扁，后部侧扁。头中大，平扁，头顶为皮膜所覆盖。吻宽扁，圆钝。眼小，上侧位，位于头的前半部。鼻孔每侧 2 个。口亚前位，腹视浅弧形。上颌稍突出，略长于下颌。头部具须 4 对。体背侧棕褐色，背鳍前方横跨 1 条黄色带，伸展至鳃盖膜上，在背鳍和脂鳍的后方各有 1 条较宽阔但不规则的黄色斑条。尾鳍近截形或中央微凹。

生态及习性

为小型底栖性鱼类。喜在水流缓慢的水域中活动，摄食小鱼和各种水生昆虫、虾等。鳍棘有毒。

分布

闽江。

鲤形目 | 鲤科 | 鳕属

花鳕 *Hemibarbus maculatus*

形态

体延长，侧扁，腹部圆，尾柄较短。头中大而尖。吻稍圆钝，前端略平扁。眼较大，上侧位。口下位，深弧形，口裂不伸达眼前缘下方。上下颌无角质边缘。体披圆鳞，鳞中大。侧线平直，伸达尾柄中部。体背侧青灰色，腹部白色。体侧沿侧线上方具 7 ～ 10 个纵行黑色斑块，尾鳍及背鳍具较多大小不等的黑褐色斑点。

生态及习性

为底栖鱼类。栖息于沙底缓流的浅水地区。摄食水生昆虫的幼虫、软体动物、蚯蚓和小鱼。

分布

闽江。

保护等级

《中国生物多样性红色名录》评估等级 LC。

体长：85mm

唇鳕

Hemibarbus labeo

形态

体延长，侧扁，腹部圆，尾柄较长。头尖长。吻长，尖突。眼大，上侧位。鼻孔每侧2个，紧相邻，位于眼的前方。口下位，深弧形，口裂不伸达眼前缘下方。上颌口角具须1对。体披圆鳞，鳞中大。侧线完全，平直。背侧青灰带黄色，腹部白色。成鱼体侧及各鳍一般无斑块，幼鱼体侧在侧线上方具8～10个纵列黑色斑块。

生态及习性

为底栖鱼类。栖息于水流湍急、水温较低的河流或水体中，幼鱼常生活于水流平稳的区域。夜间觅食，摄食水生昆虫、软体动物。

分布

闽江、九龙江、汀江、晋江、木兰溪、交溪等。

保护等级

《中国生物多样性红色名录》评估等级LC。

体长：135mm

鲤形目 | 鲤科 | 似鮈属

似
鮈

Pseudogobio vaillanti

形态

体延长，稍侧扁，腹部平坦。头大，尖长而平扁，头长大于体高。吻长，略平扁，前端圆钝，在鼻孔前方凹陷，使吻更突出。眼中大，上侧位，位于头的后半部。鼻孔每侧 2 个，位于眼前方。口小，下位，腹视深弧形。上颌稍突出，长于下颌。口角具须 1 对，较粗。体披圆鳞，鳞中大。侧线完全，平直，伸达尾柄中部。体背侧银灰色，腹部白色。背部具 5 个大黑斑，体侧具 6 ~ 7 个不规则黑色斑块。

生态及习性

为底层小型鱼类。栖息于江河沙底的缓流中，摄食沙底中的有机碎屑及水生昆虫。

分布

闽江、晋江、汀江等。

保护等级

《中国生物多样性红色名录》评估等级 LC。

体长：135mm

体长：124mm

瓣结鱼

Folifer brevifilis

形态

鲤形目 | 鲤科 | 结鱼属

体延长，侧扁，尾柄细，腹部圆。头中大。吻较长，向前突出。吻褶盖于上唇基部，侧面在眶前骨前缘具1条深裂纹和1个缺刻。口大，下位，呈马蹄形，前上颌骨能自由伸缩。眼大，上侧位。鼻孔每侧1个，位于眼的前上方。须2对，吻须细小或退化，颌须较粗。鳞中大，胸部鳞小。侧线完全，向后伸达尾柄中央。体背部青灰或青黑色，腹部灰白色，体侧大部分鳞片的基部均具新月形黑斑。各鳍略带淡红色。

生态及习性

为淡水中下层鱼类。杂食性，摄食底栖软体动物、水生昆虫、植物碎片及丝状藻类。

分布

闽江。

保护等级

《中国生物多样性红色名录》评估等级 LC。

附记

《福建鱼类志》记载省内有分布，实际采集过程中在福建省内未采到该鱼种。

鲤形目｜鲤科｜鲴属

黄尾鲴 *Xenocypris davidi*

形态

体延长，侧扁，尾柄较长。头小，锥形。吻圆突。眼中大，侧位。鼻孔每侧 2 个，紧相邻。口小，亚前位，浅弧形。下颌较短，铲状，具较发达的角质边缘。体背侧灰黑色，体侧银灰带黄色，腹部银白色。背鳍浅灰色，尾鳍橘黄色，后缘黑色，背鳍浅灰色，其他各鳍均为淡黄色。

生态及习性

生活于水流较急的江河中下层。平时常分散在近岸觅食，冬季喜群栖于水面开阔的深水处。常以下颌的角质边缘在石头上铲食硅藻、丝状藻、绿藻、蓝藻及水生高等植物碎屑、水底腐殖质，也食水生昆虫。

分布

闽江、九龙江、晋江等。

保护等级

《中国生物多样性红色名录》评估等级 LC。

体长：86mm

鲫

Carassius auratus

形态

体延长，侧扁而高，腹部圆，尾柄较长而高。眼中大，上侧位。鼻孔每侧 2 个，紧相邻，位于眼前方。口前位，斜裂。上下颌约等长。无须。体披圆鳞，鳞大。侧线完全，微下弯，后部伸达尾柄中央。体背侧青褐色，腹部银白色略带浅黄色。各鳍灰色。

生态及习性

喜栖息于各种水体水草丛生的浅水区。杂食性，摄食植物性食料，也食腐殖质、有机碎屑及底栖动物。适应环境的能力强，能在其他鱼类不能忍受的恶劣环境如含氧量低、碱性较强的水域中生长繁殖。

分布

各水系均有分布。

保护等级

《中国生物多样性红色名录》评估等级 LC。

体长：76mm

鲤 *Cyprinus carpio*

体长：135mm

形态

体延长，侧扁，背部弧形，腹部较平坦。头中大，头顶宽阔。眼中大，上侧位。鼻孔每侧2个，紧相邻。口小、亚前位，腹视马蹄形。上颌稍突出。须2对。体披圆鳞，鳞中大。侧线完全，微下弯，后部伸达尾柄中央。体色随生活环境不同而异，通常背部暗灰色，侧面金黄色，腹面浅灰色。

生态及习性

多栖息于水域的底层和水草丛生的地方。杂食性，摄食底栖动物、水生昆虫和高等水生植物，如幼蚌、蚬、螺蛳及水草、丝状藻类等，亦食有机碎屑。

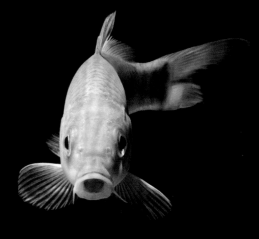

分布

各水系均有分布。

保护等级

《中国生物多样性红色名录》评估等级 LC。

鲢

Hypophthalmichthys molitrix

形态

体延长，侧扁，尾柄中长。头中大。吻短，圆钝。眼小，下侧位。鼻孔每侧2个，紧相邻，上侧位。口宽大，亚上位，口裂向后伸达鼻孔前缘下方。无须。体披细小圆鳞。侧线完全，广弧形下弯，后部伸达尾柄中央。体背侧暗灰色，腹侧银白色。

生态及习性

生活于水体的上层。摄食浮游植物，也食有机碎屑及少量浮游动物。生长快，疾病少，适应环境能力强，为我国四大养殖鱼类之一。

分布

各水系均有分布。

保护等级

《中国生物多样性红色名录》评估等级LC。

体长：160mm

体长：155mm

鲤形目 | 鲤科 | 鳙属

鳙 *Aristichthys nobilis*

形态

体延长，侧扁，较粗大。头大而圆胖，前部宽阔。吻短，宽而圆钝。眼中大，下侧位。鼻孔每侧 2 个，紧相邻，位于眼前缘上方。口宽大，上位，口裂伸达鼻孔下方。下颌稍向上突出。体披小圆鳞。侧线完全，广弧形下弯，后延伸达尾柄中央。体背侧灰黑色，具金黄色光泽，腹部银白色。体侧密具许多不规则黑色花纹。各鳍淡灰色，上具许多黑色小斑点。

生态及习性

为生活于江河中上层鱼类，喜栖息有流水或水面较宽的水体中。性情温和，行动迟钝，不善跳跃。摄食浮游动物，也食小部分浮游植物。为我国四大养殖鱼类之一。

分布

各大水系均有分布。

保护等级

《中国生物多样性红色名录》评估等级 LC。

圆
吻
鲴

Distoechodon tumirostris

形态

体延长，侧扁，腹部圆。头小，锥形。吻圆钝，突出。眼小，中侧位。鼻孔每侧2个，紧相邻，位于眼的前上方。口小，下位，平横。下颌具角质边缘，上唇具细粒状突起。无须。体披小圆鳞。侧线完全，广弧形下弯，后延伸达尾柄中央。体背侧银灰色，腹部银白色。胸鳍和腹鳍基部黄色，其他各鳍灰白色。

生态及习性

为中下层鱼类，常生活在江河中水清、流急、水面宽阔的浅水砂石地带。用下颌的角质边缘在石头上铲食硅藻、丝状藻、蓝藻、绿藻、苔藓及泥沙中腐殖质和水生植物碎屑。

分布

闽江、晋江、九龙江、汀江、木兰溪、交溪等。

保护等级

《中国生物多样性红色名录》评估等级 LC。

体长：126mm

鲤形目 | 鲤科 | 草鱼属

草鱼 *Ctenopharyngodon idella*

形态

体延长，前部亚圆筒形，后部侧扁，腹部圆。头中大，颇宽。眼小，中侧位。鼻孔每侧 2 个，位于眼前。口大，前位，斜裂。上颌稍长于下颌。无须。体披较大圆鳞。侧线完全，在体中部略弯向后伸延至尾柄中央。体背侧青褐带黄色，体侧银白带黄色。各鳍灰色鳞片边缘灰黑色。

生态及习性

为生活在江河、湖泊、水库的中、下层鱼类。性活泼、喜栖息在水草较多的地方。草食性，常成群摄食水草。 为我国四大养殖鱼类之一。

分布

各大水系均有分布。

保护等级

《中国生物多样性红色名录》评估等级 LC。

体长：360mm

体长：236mm

鲤形目 | 鲤科 | 青鱼属

青鱼

Mylopharyngodon piceus

形态

体延长，前部亚圆筒形，腹部圆。头中大，稍侧扁。吻钝尖。眼小，中侧位，位于头的前半部。口前位，口裂向后伸达鼻孔后缘下方。上颌稍长于下颌。无须。体背侧青黑带紫色，腹部灰白色。各鳍灰黑色。

生态及习性

为生活于江河、湖泊、水库的中、下层鱼类。主要摄食水体中的软体动物，如蚌、蚬、螺蛳等，也食虾类、昆虫幼虫。为我国四大养殖鱼类之一。

分布

闽江、九龙江、汀江、晋江、木兰溪等。

保护等级

《中国生物多样性红色名录》评估等级 LC。

鲤形目 | 鲤科 | 鲦属

鲦

Hemiculter leucisculus

形态

体延长，侧扁。头尖，略呈三角形。吻中长。眼中大，中侧位，眼径小于吻长。鼻孔每侧2个，位于眼上缘的前方。口中大，前位，口裂倾斜。上下颌约等长。无须。体背侧青灰色，侧面及腹面银白色。

生态及习性

为常见鱼类，在流水或静水中都能生长繁殖。喜集群，在沿岸水面觅食，行动迅速，昼夜均活动，冬季潜于深水中越冬。杂食性，幼鱼摄食浮游生物，成鱼摄食藻类、高等植物碎屑和水生昆虫等。个体虽小，但繁殖力强，数量多。

分布

各大水系均有分布。

保护等级

《中国生物多样性红色名录》评估等级 LC。

体长：152mm

鲮

Cirrhinus molitorella

鲤形目 | 鲤科 | 鲮属

形态

体延长，侧扁，背部浅弧形，腹部圆。头短小，稍尖。眼中大，上侧位。眼间隔宽，稍凸。鼻孔每侧 2 个，紧相邻，位于眼的前方。口小，下位，横裂，至口角处略呈弧形。体披圆鳞，鳞中大。侧线完全，平直。体背侧青灰色，腹部银白色。背鳍和尾鳍灰色，背鳍后缘灰黑色，其余各鳍淡灰色。

生态及习性

为淡水中下层鱼类。主要摄食水底岩石上附着的藻类，也食植物碎屑、腐殖质。

分布

各大水系均有分布。

保护等级

《中国生物多样性红色名录》评估等级 LC。

体长：125mm

鲤形目 | 鲤科 | 华鳊属

大眼华鳊 *Sinibrama macrops*

形态

体延长，高而侧扁。头小，头后背部隆起。吻短，前端钝尖。眼大、上侧位。鼻孔每侧 2 个，位于眼上缘的前上方。口中大，前位。上颌略长于下颌。体披圆鳞、鳞中大。侧线完全，在胸鳍基部上方略向下弯，呈弧形，向后延伸至尾柄正中。体背侧青灰色，体侧及腹部银白色。

生态及习性

一般栖息于溪河岸边水流缓慢的浅水中，夏季常成群活动于水的中下层，冬季潜于水底越冬。主要摄食岩石上的腐殖质、植物碎屑、藻类和小鱼等。

分布

闽江、九龙江、汀江、交溪、漳溪等。

保护等级

《中国生物多样性红色名录》评估等级 LC。

体长：150mm

体长：65mm

鲤形目 | 鲤科 | 银鲴属

点纹银鲴

Squalidus wolterstorffi

形态

体延长，侧扁稍高，腹部圆。头中大。吻中长，钝尖。眼大，上侧位。鼻孔每侧 2 个，紧相邻，位于眼的前上方。口亚下位，弧形，口裂不伸达眼前缘下方。上颌稍突出，长于下颌。口角具细长颌须 1 对。体披圆鳞，鳞较大。侧线完全，较平直，伸达尾柄中央。体背侧银白色，头背黑褐色。体侧在侧线上方常具 1 条深色纵纹，体侧上部的多数鳞片具不规则小黑斑。

生态及习性

为江河小型鱼类。栖息于水的中下层。摄食水生昆虫、藻类和水生植物。

分布

闽江、九龙江、汀江、晋江、交溪等。

保护等级

《中国生物多样性红色名录》评估等级 LC。

体长：85mm

鲤形目 | 鲤科 | 银鮈属

银
鮈

Squalidus argentatus

形态

体延长，侧扁稍低，腹部圆，尾柄中长。头中大，略呈锥形。眼较大，上侧位，约等于吻长。鼻孔每侧2个，紧相邻，位于眼的前上方。口亚下位，腹视弧形，口裂不伸达眼前缘下方。上颌稍突出，稍长于下颌。具须1对。体披中大圆鳞。侧线完全，稍下弯，伸达尾柄中央。体背侧银灰色，腹部银白色，体侧在侧线上方具1条银灰色纵带，纵带上有时具10个左右小黑斑。背鳍、尾鳍灰色，其余各鳍灰白色。

生态及习性

为江河小型鱼类，栖息于水体的中、下层。摄食水生昆虫、藻类和水生高等植物。

分布

闽江、汀江。

保护等级

《中国生物多样性红色名录》评估等级LC。

鳡

Elopichthys bambusa

形态

体延长，稍侧扁，腹部圆。头中大，尖突。吻尖突，如喙。眼小，上侧位。鼻孔每侧 2 个，位于眼前方，前鼻孔后缘具 1 个圆形鼻瓣。口大，前位，口裂伸达眼中部下方。下颌边缘锐利，缝合部具 1 块突起与上颌前端凹入处相合。无须。体披圆鳞，鳞小。侧线完全，广弧形下弯，后延至尾柄正中。体背侧棕青色、腹部银白色，背鳍和尾鳍青灰色。最大个体可达 2 米。

生态及习性

为生活于江河、湖泊、水库的大型中上层鱼类。性凶猛，为大型食肉鱼类，常袭击和追捕其他鱼类。

幼鱼 | 体长：125mm

分布

闽江、九龙江、汀江、晋江、木兰溪等。

保护等级

《中国生物多样性红色名录》评估等级 LC。

体长：245mm

鲤形目 | 鲤科 | 鲌属

翘嘴鲌 *Culter alburnus*

形态

体延长，侧扁，头后背部微隆起。头中大，背面平坦。吻长。眼大，侧位。鼻孔每侧 2 个，位于眼上缘的前方。口大，上位，口裂垂直，后端伸达鼻孔前缘的下方。下颌肥厚急剧向上翘，突出于上颌前缘。无须。体披小圆鳞。侧线完全，稍下弯，伸达尾柄中央。体背侧灰黄色，体侧下部及腹部银白色，背鳍和尾鳍灰黑色，其他各鳍灰白色。

生态及习性

为中上层鱼类，生活在江河、湖泊等宽敞水体中。性凶猛，行动迅速，善跳跃。幼鱼以浮游动物和水生昆虫为食；成鱼肉食性，主要捕食小型鱼类。

分布

闽江、木兰溪等。

保护等级

《中国生物多样性红色名录》评估等级 LC。

体长：256mm

鲤形目 | 鲤科 | 原鲌属

红鳍原鲌
Cultrichthys erythropterus

形态

体延长，侧扁，头后背部明显隆起，腹部在腹鳍基部处内凹。头中大，略平坦。吻短。眼中大。鼻孔每侧 2 个，位于眼前缘与眼上缘的上方。口中大，上位，口裂几乎垂直，后端伸达鼻孔前缘的正下方。下颌上翘，突出于上颌之前。无须。体披圆鳞，鳞较小。侧线完全，在胸鳍上方略向下弯曲，向后延伸于尾柄正中。体背侧青灰色，下侧及腹面银白色。

生态及习性

为中上层鱼类，生活在缓流或静水中。肉食性，主要摄食小鱼、小虾和水生昆虫。

分布

闽江、九龙江、木兰溪等。

保护等级

《中国生物多样性红色名录》评估等级 LC。

鲤形目｜鲤科｜红鳍鲌属

达氏鲌 *Chanodichthys dabryi*

形态

体延长，侧扁。头中大，头后背部稍隆起。吻较长。眼大，侧位。鼻孔每侧 2 个，位于眼上缘前方。口大、亚上位，口裂倾斜，向后伸达鼻孔前缘下方。下颌突出，长于上颌。无须。体披圆鳞、鳞较小。侧线完全，在胸鳍上方弧形下弯，向后伸达尾柄正中。体银灰色。

生态及习性

生活于水流缓慢的河湾或支流中，喜群集于水草丛生的浅水中，冬季在深水域越冬。性凶猛、幼鱼摄食水生无脊椎生物，成鱼摄食虾和小鱼。

分布

闽江、九龙江。

保护级别

《中国生物多样性红色名录》评估等级 LC。

体长：145mm

福建华鳈

Sarcocheilichthys fukiensis

形态

体延长，侧扁稍高，腹部圆，尾柄宽短。头小，头长小于体高。吻圆钝，大于眼径。眼小，上侧位。鼻孔每侧2个紧相邻，位于眼的前上方。口小，下位，较窄，腹视马蹄形，口裂向后不伸达眼前缘下方。上颌突出，下颌前缘具发达的角质边缘。体披圆鳞，鳞中大。侧线完全，较平直。体背侧灰棕色，腹部灰白色。体侧具4条黑褐色宽横带，第一条在头后胸鳍上方；第二条在背鳍基底下方；第三条在臀鳍上方；第四条在尾柄上。各鳍灰黑色，边缘淡白色。

生态及习性

为中下层鱼类。喜栖息于水质澄清、底层多泥沙的流动或静止的水域中。杂食性，摄食底栖无脊椎动物、水生昆虫、甲壳类贝类和少数藻类、植物碎屑。

分布

闽江。

雄鱼 | 体长：98mm

保护等级

《中国生物多样性红色名录》评估等级 LC。

雌鱼 | 体长：93mm

｜吻部追星｜

赤眼鳟

Squaliobarbus curriculus

鲤形目 | 鲤科 | 赤眼鳟属

形态

体延长，侧扁，背部稍隆起，腹部圆。头中大。吻短，钝尖。眼较小，上侧位。鼻孔每侧2个，位于眼前上方。口中大，前位，口裂伸达眼前缘下方。上颌稍长于下颌。无须。体披圆鳞，鳞较大。侧线完全，广弧形下弯，向后延至尾柄中央。体背青灰色，体侧银灰色，腹部白色。眼缘上部红色。

生态及习性

为生活于江河上游的中下层鱼类。常栖息于洄水或流速较慢、岩石多或底部有卵石的水域。杂食性，除摄食硅藻、岸边嫩草，亦捕食小鱼、小虾和水生昆虫。

分布

闽江、九龙江、汀江、晋江、九龙江等。

保护等级

《中国生物多样性红色名录》评估等级LC。

体长：160mm

鲤形目 | 鲤科 | 倒刺鲃属

光倒刺鲃 *Spinibarbus hollandi*

形态

体延长，稍侧扁而低，腹部圆。头中大，稍尖，背面呈弧形。吻中长，圆钝稍突出。眼中大，上侧位。眼间隔宽凸。鼻孔每侧 2 个，紧相邻，位于眼的前方。口中大，亚下位，口裂稍斜，腹视马蹄形。下颌稍短于上颌。须 2 对，较发达。体披圆鳞，鳞大。侧线完全，前部向腹面稍弯，后部平直，至尾柄稍偏于下方。体背侧青灰色，腹侧银白色带淡黄。背鳍后缘黑色，胸鳍、腹鳍、臀鳍橙黄色。

生态及习性

为淡水中下层鱼类。喜生活于水流湍急、水色清澈、砾石较多的溪河中。性活泼善游。主要摄食水生昆虫及其幼虫，也食小型鱼类、虾、螺、藻类、动物腐败遗体、腐殖质等。

分布

闽江、九龙江、汀江、交溪、漳江等。

保护等级

《中国生物多样性红色名录》评估等级 LC。

体长：135mm

体长：150mm

鲤形目 | 鲤科 | 墨头鱼属

东方墨头鱼
Garra orientalis

形态

体延长，前部近圆筒形，后部侧扁而低，腹部平坦。头中大，较宽阔，略呈方形，向吻部渐平扁。吻平扁，圆突，在鼻孔前方凹陷，具1条横沟，将吻分隔为前后两部。上唇消失，下唇宽厚，形成椭圆形吸盘。眼小，上侧位，位于头的后半部。鼻孔每侧2个，紧相邻，位于眼的前方。口大，下位，横裂。须2对，均很短小。体披圆鳞，鳞中大。侧线完全，稍下弯，伸达尾柄中央。体背侧棕绿色，腹部黄灰色。胸鳍、腹鳍和臀鳍略带橘红色，幼鱼尤为明显。眼缘橘红色。

生态及习性

为淡水底层鱼类，生活于水流湍急的山涧、溪流和江河的上游。吸盘附着于岩石上生活，活动范围很小。主要摄食水底岩石上附着的藻类。

分布

闽江、九龙江、汀江、晋江等。

保护等级

《中国生物多样性红色名录》评估等级 LC。

| 吻部成吸盘状

体长：105mm

棒花鱼
Abbottina rivularis

形态

体延长，稍侧扁，腹部圆。头中大，头长大于体高。吻中大，前端圆钝，在鼻孔前方下陷，向前突出。眼小，上侧位。鼻孔每侧2个，位于眼的前上方。口较小、下位，腹视马蹄形，口裂不伸达眼前缘下方。上颌稍突出，上下颌无角质边缘。口角具短须1对。体披圆鳞，鳞中大。侧线完全，平直。体背侧灰褐色，腹部灰白色。体侧沿侧线7～8个黑色斑块排成1条纵行，背侧具暗色斑点。尾鳍基部正中具1块小黑斑，背鳍及尾鳍具多行黑色条纹，其余各鳍具灰色点纹。

生态及习性

为底层小型鱼类。栖息于江河沙底的缓流中，在沙上活动，有时钻入沙内觅食，白天潜伏，夜间活动，涨水季节溯河上游。摄食水生昆虫、水蚯蚓及植物碎片。

分布

各大水系均有分布。

保护等级

《中国生物多样性红色名录》评估等级LC。

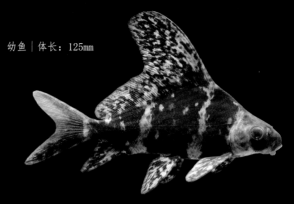

幼鱼 | 体长：125mm

胭脂鱼

Myxocyprinus asiaticus

鲤形目 | 胭脂鱼科 | 胭脂鱼属

形态

体稍延长，侧扁而高。背部自头后开始隆起，背鳍起点处为身体最高点，腹部平直。头短小，略呈锥形。吻圆钝，吻褶下卷。眼中大，上侧位。鼻孔每侧 2 个，紧相邻，位于眼的前上方。口小，下位，马蹄形。上颌边缘由前颌骨与上颌骨连合组成。唇软厚，表面具许多粒状肉质突起。无须。幼鱼身体呈深褐色，鱼体两侧各有 3 条黑色横条纹，横贯眼球有 1 条黑褐色斑。较大个体身体呈橙色，具 1 条红色纵带。

生态及习性

为中下层鱼类，喜在水质清新溶氧量充足的环境中生活。摄食无脊椎动物和水底泥沙中的有机质，也摄食水底乱石上附生的硅藻和植物碎屑。

分布

闽江。

保护等级

《中国生物多样性红色名录》评估等级 CR。

附记

《福建鱼类志》记载省内有分布，实际采集过程中在福建省内未采到该鱼种。

Eleotris oxycephala

尖头塘鳢

鲈形目 | 塘鳢科 | 塘鳢属

形态

体延长，前部圆筒形，后部侧扁。头宽钝，前部低，平扁，后部稍侧扁。吻短而圆钝。眼小，上侧位，位于头的前半部。鼻孔每侧 2 个。口中大，亚前位，斜裂。下颌突出，长于上颌。上颌骨向后延伸，达眼中部下方。无侧线。体棕褐色，体侧自鳃盖至尾鳍基具 1 条黑色纵带及黑色斑点。自吻端经眼至鳃盖上方具 1 条黑色条纹。

生态及习性

为淡水中小型鱼类。喜栖息于河流及河口附近，摄食小虾、蠕虫等无脊椎动物。

分布

各大水系均有分布。

保护等级

《中国生物多样性红色名录》评估等级 LC。

体长：115mm

鲈形目 | 沙塘鳢科 | 沙塘鳢属

河川沙塘鳢 *Odontobutis potamophila*

形态

体延长，粗大，前部圆筒形，后部侧扁。头大，宽而平扁。吻宽短。眼小，稍突出，上侧位，位于头的前半部。鼻孔每侧2个。口宽大，斜裂，亚前位。下颌突出，长于上颌。上颌骨后延，伸达眼中部下方。体棕褐带青色，体侧具不规则黑色斑块3～4个，头侧及腹面具黑色斑块及斑点。

生态及习性

为淡水底层小型鱼类。生活于江河湖泊、河沟浅水处，常隐居于泥沙和草、石混杂水域。底栖生活，行动缓慢，摄食虾、小鱼和昆虫。

分布

交溪、闽江、晋江、木兰溪、九龙江、汀江等。

保护等级

《中国生物多样性红色名录》评估等级LC。

体长：105mm

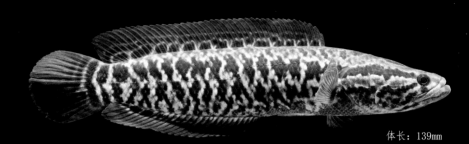

体长：139mm

鲈形目 | 鳢科 | 鳢属

斑鳢

Channa maculata

形态

体延长，头后背面平直，前部亚圆筒形，后部渐侧扁。头宽钝，前部平扁，后部渐隆起。眼小，上侧位，眼间隔宽大。鼻孔每侧2个，分离。口大，前位，口裂倾斜，向后伸越眼的后缘下方。下颌较上颌稍突出。体及头部均披圆鳞，鳞中大。体背侧灰褐色，腹部灰白色。背部具1条纵行黑色斑块，体侧具2条纵行近圆形的黑色斑块，尾柄及尾鳍基部之间有数行黑白相间的斑纹。背鳍臀鳍和尾鳍亦具有黑白相间的花纹，头侧自眼后缘上方具2条黑色条纹。

生态及习性

为底栖生活的淡水鱼类。喜栖息于沿岸水草多和淤泥底质的浅水区。肉食性，以小鱼、小虾和昆虫等为食。适应性很强，在浑浊或缺氧的水体中均能生存。

分布

各大水系均有分布。

保护等级

《中国生物多样性红色名录》评估等级 LC。

| 头背部花纹呈"一八八"状 |

鲈形目｜攀鲈科｜攀鲈属

攀鲈 *Anabas testudineus*

形态

体卵圆形，侧扁。眼中大，上侧位，位于头的前半部。鼻孔每侧2个。口中大，前位，口裂后延伸达眼中部下方。下颌稍突出。体披较大鳞片，排列整齐。侧线平直。体棕灰色，背侧面色深，腹部浅色。体侧散布黑色斑点，鳃盖后缘和尾鳍基各有1块大黑斑。

生态及习性

为热带、亚热带底层鱼类。喜栖息在平静、淤泥多的水体中。杂食性，摄食底栖软体动物、水生昆虫及植物碎片。在生活环境不利其生存时，常依靠摆动鳃盖、尾鳍和臀鳍爬越堤岸、坡地，移居适宜的水域。

分布

九龙江、漳江。

体长：115mm

大刺鳅

Mastacembelus armatus

| 头部具一管状柔软吻突 |

鲈形目 | 刺鳅科 | 刺鳅属

形态

体甚延长，侧扁而低，前部略呈亚圆筒形，尾后部扁薄。头尖突，略侧扁。吻尖长，具1个管状柔软吻突。眼小，上侧位。眼下方具1根硬棘。鼻孔每侧2个。口小，前位，口裂平直。上颌稍突出。头和体均披细小圆鳞。侧线明显，斜直。体浅褐色，吻突黑色。头侧自吻部经眼至鳃盖后上方具1条黑色纵条。背、腹具褐色网纹及斑块，体侧面具许多不规则浅色斑块。

生态及习性

栖息于江河底层，或岸边有水草处，在乱石缝隙中活动。杂食性，从岩缝中摄食小型的无脊椎动物，也摄食一点植物性的食物。

分布

闽江、晋江、九龙江、汀江、木兰溪。

保护等级

《中国生物多样性红色名录》评估等级 LC。

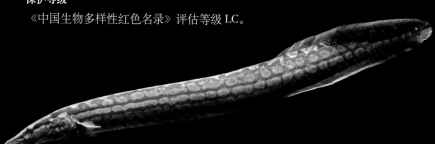

体长：310mm

鲈形目 | 刺鳅科 | 中华刺鳅属

形态

体甚延长，侧扁而低，尾部向后渐扁薄。头小，尖突，略侧扁。吻尖突，吻突长小于眼径。眼小，上侧位。眼下方具1根硬棘。鼻孔每侧2个。口前位，口裂低斜，伸达眼中部下方。头和体均披细小圆鳞，无侧线。体浅褐色，头部具白色斑纹多个，腹侧密具白色小圆斑，在体侧的斑横列或相连呈条纹，在背侧的白斑连成网纹。

生态及习性

栖息于江河底层，或岸边有水草处，在乱石缝隙中活动。摄食小型的无脊椎动物。

分布

闽江。

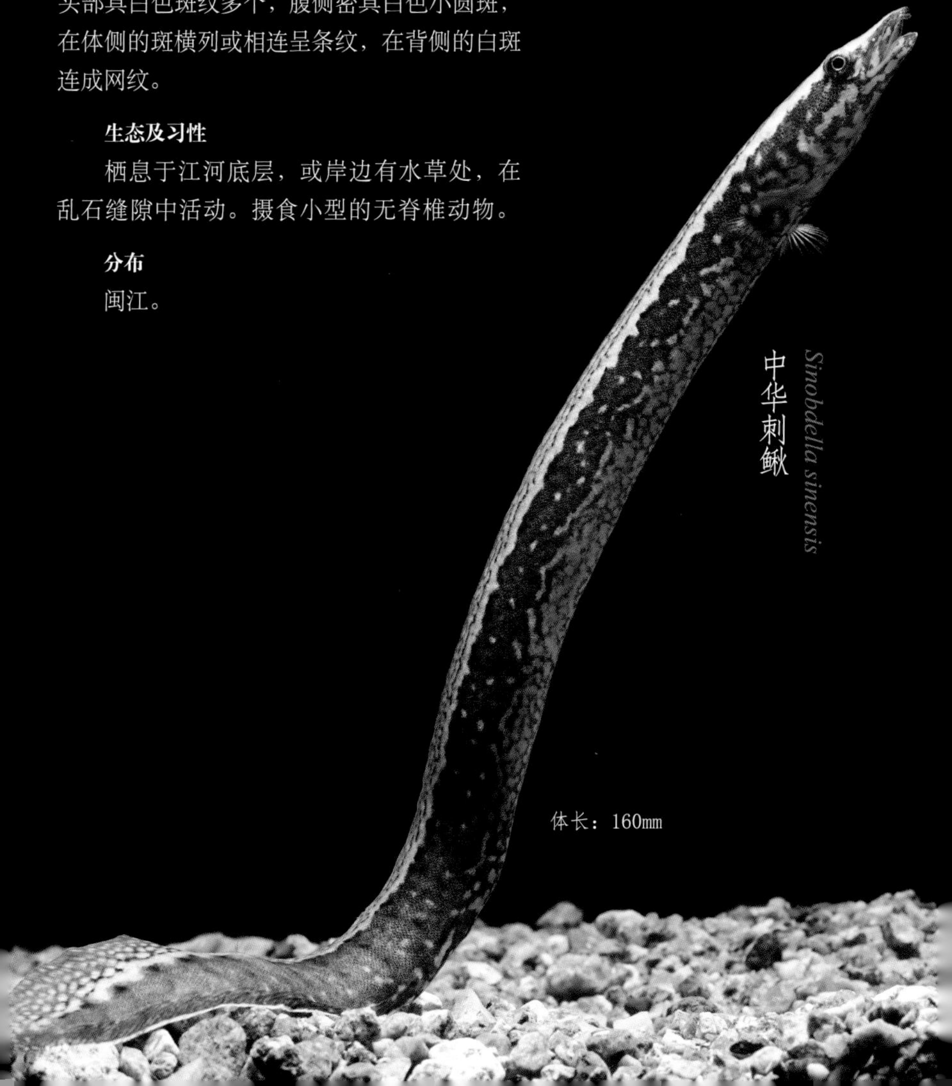

中华刺鳅 *Sinobdella sinensis*

体长：160mm

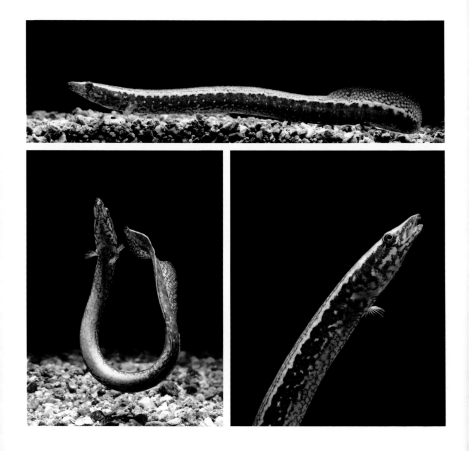

河口鱼类

河口为河流的终点，

淡水与海水在此处交流汇集。

因受到潮汐涨退影响，

水体盐分变化剧烈。

因此渗透压调节能力强的鱼类才能在此生存。

阿部鲻虾虎鱼

Mugilogobius abei

鲈形目 | 虾虎鱼科 | 鲻虾虎鱼属

形态

体延长，前部亚圆筒形，后部侧扁。头颇大、稍宽，颊部凸出。口斜裂，口裂伸达眼后缘下方。上颌略比下颌突出。眼中大，上侧位，位于头的前半部。鼻孔每侧 2 个。左右腹鳍愈合成 1 个吸盘。体褐色，体侧前部具不规则暗色横斑条，后部具 2 条暗色纵带，尾鳍具暗色纵纹数条，眼四周具 5 条反射红纹。

生态及习性

栖息于浅海滩涂、河口咸淡水处或淡水中。杂食性鱼类，通常以有机碎屑及底栖小型无脊椎动物为食。

分布

沿海河口。

体长：30mm

体长：28mm

鲈形目 | 虾虎鱼科 | 鲻虾虎鱼属

形态

体延长，前部亚圆筒形，后部侧扁。头颇大，稍宽，颊部凸出。眼稍小，上侧位，位于头的前背部。鼻孔每侧 2 个。口中大，前位，斜裂。上下颌约等长或下颌稍短，上颌骨向后伸达眼中部下方。左右腹鳍愈合成 1 个长形吸盘。头部及体浅棕色，体背面及体侧上部具不规则灰黑色斑点，头部具棕褐色虫状纹及斑点。

生态及习性

栖息于浅海滩涂、河口咸淡水处或淡水中。杂食性鱼类，通常以有机碎屑及底栖小型无脊椎动物为食。

分布

沿海河口。

黏皮鲻虾虎鱼

Mugilogobius myxodermus

体长：48mm

鲈形目 | 虾虎鱼科 | 缟虾虎鱼属

裸颈缟虎鱼 *Tridentiger nudicervicus*

形态

体延长，前部亚圆筒形，后部侧扁。头中大、前部略平扁。短吻而圆钝。眼中大，上侧位，眼间隔宽大。口裂颇大，斜裂，上颌骨向后延伸超过眼中线下方。体色呈黄棕色，腹侧浅黄色。体侧具 1 条水平而稍向后方斜下的黑褐色纵带，颊部具 2 条水平向的黑褐色纵带。尾鳍基部具 2 个黑褐色斑点，上方的斑点较大而明显。

生态及习性

生活在沿海河口的沙泥底质的水域里。肉食性底栖鱼类，大多以小鱼及小型无脊椎动物为食。

分布

沿海河口。

鲈形目 | 虾虎鱼科 | 缟虾虎鱼属

双带缟虾虎鱼 *Tridentiger bifasciatus*

形态

体延长，前部圆筒形，后部侧扁。头部中大，前部略平扁。吻短小而圆钝。眼中大，上侧位，眼间隔宽大。口裂颇大，上颌骨向后延伸可达或超过眼中部下方。雄鱼颊部膨大。体色呈黄棕色或褐色，雌鱼的体色较淡。雄鱼的体侧具褐色的横带，雌鱼则无此横带。雄鱼体两侧各有 2 条较明显的黑褐色纵线。颊部、鳃盖以及头腹面具有许多细小圆白斑，胸鳍基部上方具 1 块大型黑斑，胸鳍上方无游离鳍条。

生态及习性

生活在河口以及内湾、沿海沙泥底质的水域中。属于肉食性的底栖鱼类，主要以小鱼、小型甲壳类为食。

分布

沿海河口。

体长：93mm

体长：96mm

鲈形目 | 虾虎鱼科 | 缟虾虎鱼属

纹缟虾虎鱼

Tridentiger trigonocephalus

形态

体延长，前部圆筒形，后部侧扁。头宽大，略平扁，颊部肌肉凸出。眼小、上侧位。鼻孔每侧 2 个。口宽大，前位，稍斜裂。上颌骨后延伸达眼后缘下方或稍前。左右腹鳍愈合成吸盘状。体色呈黄棕色或褐色。体侧常具 2 条黑褐色纵带，上带自吻端经眼上部，沿背鳍基底向后延伸至尾鳍基，下带自眼后经颊部与胸鳍基部上方，沿体侧中部延伸至尾鳍基。尾鳍基部上方具 1 块黑斑。有时体侧具不规则横带 6～7 条，有时仅具横带而无纵带，或仅有云状斑纹。胸鳍具游离鳍条，头侧具不规则白斑。

生态及习性

栖息于浅海滩涂、河口咸淡水处或淡水中。摄食小虾和幼鱼。

分布

沿海河口。

髭缟虾虎鱼

Tridentiger barbatus

体长：78mm

鲈形目 | 虾虎鱼科 | 缟虾虎鱼属

形态

体粗壮，延长，前部圆筒形，后部侧扁。头大，平扁，颊部肌肉发达，向外突出。吻宽短，前端广弧形。眼小，圆形，上侧位。鼻孔每侧 2 个。口宽大，前位，稍斜裂。上下颌约等长。上颌骨后延，伸达眼后缘下方。头部具许多触须，穗状排列。体黄褐色，体两侧具宽阔黑色横纹 5 条。胸鳍宽大，圆形。左右腹鳍愈合，略呈圆形。尾鳍短，后缘圆形。

生态及习性

为近海暖温性小型底层鱼类，也进入河口及江湖淡水水体中栖息。摄食海水底栖无脊椎动物。

分布

沿海河口。

| 须呈麦穗状排列 |

斑点竿虾虎鱼

Luciogobius guttatus

鲈形目 | 虾虎鱼科 | 竿虾虎鱼属

形态

体细长呈竿状，前部略近圆柱形，后部侧扁。眼小，位于头顶。口大，斜裂，下颌突出，前端有深缺刻而呈叉形。体无鳞。体淡褐色至暗褐色，密布细小黑点。无第一背鳍，第二背鳍颇低，位于身体后部。胸鳍颇大，圆形；腹鳍短小，愈合为圆盘状；尾鳍后缘圆形。

生态及习性

生活在河口区域砂石和岩石之间的缝隙中。仔鱼期在近海区域过着浮游生活。长到幼鱼就返回河口等地，进入底栖生活。捕食小型无脊椎动物。

分布

沿海河口。

体长：69mm

体长：68mm

鲈形目｜虾虎鱼科｜裸身虾虎鱼属

形态

体延长，前部颇粗壮近圆筒形，后部略侧扁。头宽大，前部稍平扁，背视长方形。口大，前端位，裂延伸至眼下方。眼中大，上侧位，位于头的前半部。体呈褐色，体侧具 8 ～ 9 条不规则暗色横纹，第二背鳍及尾鳍边缘具白边。

生态及习性

为冷温性沿岸内湾底层小型鱼类。栖息于河口咸、淡水及沿岸海水中。摄食小鱼小虾及底栖无脊椎动物。

分布

沿海河口。

大颌裸身虾虎鱼 *Gymnogobius macrognathos*

｜瞬间开张大口，口腔内产生真空将猎物吸入｜

矛尾刺虾虎鱼
Acanthogobius hasta

形态

体延长，前部近圆筒形，后部侧扁，尾柄细长。头长，稍平扁，头宽大于头高。颊部近腹面处具 2 条纵行黏液沟。吻长，圆钝，眼较小，上侧位，位于头的前半部。鼻孔每侧 2 个。口较大，前位，斜裂。上颌稍长于下颌，上颌骨后延，伸达眼前缘下方。体背侧灰色，腹部浅色。体背具 8 ～ 10 块大斑块，体侧中央具 10 个深色斑块，尾柄具 1 块大黑斑。

生态及习性

为近海暖温性中小型底层鱼类。栖息于淤泥底质的海区，或栖于河口底层。喜穴居。摄食小鱼、虾、蟹和贝类。

分布

沿海河口。

体长：69mm

体长：105mm

鲈形目 | 虾虎鱼科 | 叉舌虾虎鱼属

斑纹舌虾虎鱼

Glossogobius olivaceus

形态

体延长，前部圆筒形，后部侧扁。头圆钝，平扁。颊部具数列纵行黏液沟。吻圆钝。眼中大，上侧位，位于头的前半部。鼻孔每侧2个。口大，前位，斜裂。下颌突出，长于上颌。上颌骨后延，伸达眼前缘下方。体棕褐色，背部深暗色，腹面较淡。体侧中部具4～5块大暗斑，背部具3～4块褐色宽阔横斑。

生态及习性

为近海暖水性小型底层鱼类。栖息于浅海滩涂、河口咸淡水处或淡水中。摄食小虾和幼鱼。

分布

沿海河口。

体长：115mm

鲈形目 | 虾虎鱼科 | 舌虾虎鱼属

金黄舌虾虎鱼

Glossogobius aureus

形态

体延长，前部亚圆筒形，后部略侧扁。颊部约具 2 条纵行黏液沟。吻尖突，颇长。眼小，上侧位，位于头的前半部。鼻孔每侧两个，甚小。口中大，前位，斜裂。下颌突出，长于上颌。上颌骨后延，伸达眼前缘下方或稍后。腹鳍较短，左右腹鳍愈合成 1 个吸盘。尾鳍后缘圆形或长圆形。体金黄色，体背隐具 5 ~ 6 块褐色横斑。体侧中部具 4 ~ 5 块较大暗斑。

生态及习性

为近海暖水性中小型底层鱼类。栖息于浅海滩涂、海边礁石、河口咸淡水或淡水中。摄食小虾和幼鱼。

分布

沿海河口。

鲈形目 | 虾虎鱼科 | 细棘虾虎鱼属

Acentrogobius caninus

犬牙细棘虾虎鱼

形态

体延长，前部亚圆形，后部侧扁。头较宽扁。吻短而圆钝。眼中大，上侧位。鼻孔每侧2个。口小，前位，斜裂，下颌稍突出，长于上颌，上颌骨后延伸达眼前缘下方。体棕色，腹部浅色；体侧具5块大暗斑，背面具5块暗色横斑。胸鳍基底上方有1块黑色圆斑。背鳍、尾鳍及臀鳍灰黑色，具暗色条纹。

生态及习性

为近岸小型鱼类。常栖息于浅海及河口区。摄食无脊椎动物。

分布

沿海河口。

体长：95mm

体长：55mm

鲈形目｜虾虎鱼科｜细棘虾虎鱼属

短吻细棘虾虎鱼

Acentrogobius brevirostris

形态

体延长，侧扁。头中大，侧扁。吻短而圆钝。眼中大，上侧位。鼻孔每侧 2 个，位于眼前方。口大，前位，斜裂。上下颌约等长，上颌骨后延，伸达眼后缘下方。体灰白色，腹部白色。头部及体侧具蓝色斑块。

生态及习性

栖息于河口及沿海水域，对盐度的耐受力较广。属于肉食性底层鱼类，主要以无脊椎动物及小鱼为食。

分布

沿海河口。

体长：58mm

鲈形目 | 虾虎鱼科 | 衔虾虎鱼属

康培氏衔虾虎鱼 *Istigobius campbelli*

形态

体细长，前部成圆柱状，后方稍侧扁。眼大，位于头前部背缘，眼间隔狭窄。吻短，吻端钝。左右腹鳍愈合形成吸盘。体灰褐色，体侧中线具纵列红斑。

生态及习性

为近岸暖温性小型鱼类。常栖息于底质为泥沙或泥的浅海及河口区。摄食底栖无脊椎动物。

分布

沿海河口。

体长：93mm

鲈形目 | 虾虎鱼科 | 副平牙虾虎鱼属

蜥形副平牙虾虎鱼

Parapocryptes serperaster

形态

体颇延长，前部亚圆筒形，后部侧扁。头中大，圆钝，前部稍平扁，后部侧扁。吻短而圆钝，背面稍圆突。眼小，上侧位，位于头的前半部。鼻孔每侧 2 个，相距远。口大，前位，平裂。上下颌约等长，上颌骨后延，伸达眼后缘下方。体披圆鳞，前部鳞细小，向后较大。无侧线。体浅棕色，项部及背侧隐具马鞍状斑块 6 个，体侧隐具褐色斑块 4 ～ 5 个，有时消失。背鳍 2 个，分离，但相距较近。左右腹鳍愈合成 1 个心形吸盘，位于胸鳍基部下方。尾鳍尖长。

生态及习性

为热带、亚热带暖水性小型底层鱼类。栖息于近岸滩涂、河口附近，亦进入淡水，在闽江可上溯至南平。摄食底栖无脊椎动物。

分布

沿海河口。

鲈形目 | 虾虎鱼科 | 矛尾虾虎鱼属

矛尾虾虎鱼

Chaeturichthys stigmatias

形态

体特别延长，前部呈圆筒形，后部侧扁。口宽大，斜裂，上颌骨后伸达眼中部下方。颊部常具短小触须4对。背鳍2个，分离；胸鳍宽圆，等于或稍短于头长；腹鳍圆形，愈合呈吸盘状；臀鳍与背鳍同形，但其基底短于背鳍基底长；尾鳍矛尾形。体呈灰褐色，头部和背部均有不规则暗色斑纹；第一背鳍第5～8鳍棘之间有1个大黑斑。

生态及习性

为近海暖温性中小型底层鱼类。栖息于淤泥底质的海区，或栖于河口底层。摄食小鱼、虾、蟹和贝类。

分布

沿海河口。

体长：85mm

体长：135mm

鲈形目 | 虾虎鱼科 | 狼牙虾虎鱼属

拉氏狼牙虾虎鱼
Odontamblyopus lacepedii

形态

体延长，侧扁，略呈带状。头大，略呈长方形。吻短，中央稍凸出，前端宽圆。眼极小，退化，埋于皮下。鼻孔每侧2个，前鼻孔具1根短管，接近唇部。口大，斜裂。下颌及颏部向前、向下突出。上颌骨后延，伸达眼后下方。体及头部披小而退化鳞片。体呈粉红色。背鳍连续，后方鳍条与尾鳍相连。尾鳍尖长。

生态及习性

为近岸暖温性小型鱼类，栖息在近海、河口等泥沙底海岸。肉食性，以甲壳类、小型鱼类为食。

分布

沿海河口。

鲈形目 | 虾虎鱼科 | 丝虎鱼属

谷津氏丝虾虎鱼 *Cryptocentrus yatsui*

形态

体延长，前部分呈亚圆筒形，后部侧扁。背缘浅弧形，腹缘平直。眼上侧位，眼间距小于眼径。口斜裂，下颌较上颌突出，口裂延伸至眼后缘的下方。体呈黄褐色或浅褐色，腹部灰白色。头部具不规则的褐色斑点或短纹。体背侧自鳃盖上部至尾柄上部具数个蓝色小斑块；具 2 ~ 3 列不规则的褐色较大斑块。背鳍 2 枚，第一背鳍的第 2、3 根棘条延长呈丝状；第二背鳍基部具 2 ~ 3 条褐色线状纹。胸鳍圆扇形，腹鳍呈吸盘状，尾鳍长圆形。尾鳍基部有 1 个蓝色斑块。

生态及习性

栖息于河口区，属穴居鱼类，白天大多躲藏于洞穴，夜晚出来觅食。肉食性，以小型甲壳类、鱼类为食。

分布

沿海河口。

体长：73mm

体长：28mm

伍氏拟髯虾虎鱼
Pseudogobiopsis wuhanlini

鲈形目 | 虾虎鱼科 | 拟髯虾虎鱼属

形态

体延长，前部亚圆筒形，后部侧扁。头颇大，稍宽。眼中大，上侧位，位于头前背部。口中大，前位，斜裂。上下颌约等长，上颌骨向后伸达眼中部下方。左右腹鳍愈合成1个长形吸盘。头部及体浅棕色，体背面及体侧上部具不规则灰黑色斑点。

生态及习性

栖息于河口咸淡水或淡水中。杂食性，以浮游生物、有机碎屑及小型无脊椎动物为食。

分布

沿海河口。

鲈形目 | 弹涂鱼科 | 弹涂鱼属

弹涂鱼 *Periophthalmus modestus*

形态

体延长，侧扁，背缘平直。头宽大，略侧扁。吻短而圆钝，斜直隆起。眼小，背侧位，位于头的前半部，互相靠近，突出于头的背面上。鼻孔每侧 2 个，相距颇远，位于眼前方。口宽大，亚前位，平裂。上颌稍长于下颌，上颌骨后延，伸达眼中部下方。体棕褐色。第一背鳍黑褐色，边缘白色。第二背鳍中部具 1 条黑色纵带，端部白色。臀鳍浅褐色；胸鳍及尾鳍暗色；腹鳍背面暗色，边缘白色。

生态及习性

为近岸暖温性小型底层鱼类。喜栖息于底质为淤泥、泥沙的河口滩涂。穴居，依靠胸鳍肌柄爬行跳动，退潮时在泥涂上觅食。视觉灵敏，稍受惊动就很快跳回水中或钻入穴内。杂食性，主食浮游生物、底栖硅藻或蓝绿藻。

分布

沿海河口。

体长：65mm

体长：68mm

鲈形目 | 弹涂鱼科 | 弹涂鱼属

银线弹涂鱼
Periophthalmus argentilineatus

形态

体延长，侧扁，背缘平直。头宽大，略侧扁。吻短而圆钝。眼中大，背侧位，位于头的前半部，互相靠近，突出于头的背面上。鼻孔每侧2个，相距颇远，位于眼前方。口宽大，亚前位，平裂。上颌稍长于下颌，上颌骨后延，伸达眼中部下方。体棕褐色。第一背鳍红色，边缘黑色。第二背鳍红蓝黑纵带相间，端部红色。臀鳍浅褐色；胸鳍及尾鳍暗色。

生态及习性

为近岸暖温性小型底层鱼类。喜栖息于半咸水的河口滩涂，躲藏于泥穴当中。杂食性，以浮游生物、有机碎屑及小型无脊椎动物为食。

分布

沿海河口。

体长：67mm

斑头肩鳃鳚

Omobranchus fasciolatoceps

形态

体长，稍侧扁。头顶具冠膜。背、臀鳍与尾柄相连。头部具4条暗带，第一与第二条从冠膜至吻及颊部；第三条在冠膜后背中线相接，向下延伸至前鳃盖；第四条在鳃盖上。体呈淡黄色，眼后具1个卵形深色斑点。

生态及习性

生活于亚热带海域，对盐度的剧烈变化忍受力极强，常栖息于河口区。善跳跃，警觉性高。杂食性，以藻类及浮游动物为主。

分布

沿海河口。

狐肩鳃䲁 *Omobranchus ferox*

体长：72mm

鲈形目 | 䲁科 | 冠肩鳃䲁属

形态

体长，稍侧扁。头顶无冠膜。背鳍最后软条与尾柄以鳍膜相连，臀鳍不与尾柄相连。体淡黄色，头部偏暗。眼后方有1条白色垂直斑纹，体侧具不显的黑褐色横带。各鳍色淡。雄鱼背鳍末端具1块眼斑。

生态及习性

主要栖息于红树林沼泽区或河口附近的海水区。以小型水生动物为食。

分布

沿海河口。

体长：76mm

鲈形目 | 鯻科 | 鯻属

花身鯻

Terapon jarbua

形态

体延长，侧扁，背部较狭，腹部圆钝。头部背缘平斜。吻短。眼中大，上侧位。鼻孔每侧 2 个。口小，前位，稍倾斜。上下颌等长。体披较小鳞片。侧线完全，中侧位，几与背缘平行。体灰褐色，体侧具 3 条棕色弧形纵带。背鳍第 4 至第 7 鳍棘的鳍膜间具 1 块大黑斑，鳍条部上端有 2 块小黑斑，尾鳍中央具 1 条黑色条纹。

生态及习性

为热带、亚热带暖水性近底层鱼类。多栖息于沙底、石砾底或礁石附近的沿岸浅海区。适盐性广，可生活于咸淡水及淡水中。摄食小鱼、虾、蟹等。幼鱼在内海港湾肥育，成鱼移向外海。

分布

沿海河口。

香斜棘鰤 *Repomucenus olidus*

鲈形目｜鼠鰤科｜斜棘鰤属

形态

体延长，宽而平扁，向后渐细尖，后部稍侧扁。头平扁，背似三角形。吻短而尖突。眼较小，卵圆形，位于头背侧，两眼靠近。鼻孔每侧 2 个，位于眼前方，圆形，具 1 个鼻瓣。口小，亚前位，能伸缩。上颌稍突出，上颌骨向后伸达前鼻孔下方。体灰褐色，密具暗色斑纹，背面有时隐具 5 ～ 6 条暗色横纹。

生态及习性

栖息于河口及沿海水域，喜躲藏水底沙砾中。常进入纯淡水水域觅食，游动缓慢。摄食小型软体动物和蠕虫。

分布

沿海河口。

体长：55mm

紫红笛鲷

Lutjanus argentimaculatus

形态

体长，椭圆形，侧扁。头中大，背面微凸，两侧平坦。眼中大，上侧位。口中大，前位，稍倾斜。上颌长于下颌，前颌骨稍能伸缩。侧线完全，与背缘平行。体紫红色，腹部色较浅。幼鱼之体侧有7～8条深色横带，随成长而消失。

生态及习性

为热带、亚热带近海近底层鱼类。喜栖于贝壳、泥沙底质的海区，或岩礁、珊珊礁附近水深80米以内海区，幼鱼会进入河口。摄食底栖动物。

分布

沿海河口。

幼鱼 | 体长：75mm

体长：146mm

鲈形目 | 真鲈科 | 花鲈属

花鲈

Lateolabrax japonicus

形态

体延长，侧扁，略呈纺锤形。头中大。吻尖突。眼中大，上侧位。鼻孔每侧 2 个，互相靠近，前鼻孔后缘具 1 个鼻瓣。口大，斜裂。下颌稍突出，上颌骨后端伸达眼后缘下方。体银白色，背部灰色。背侧与背鳍鳍膜具黑色斑点。尾鳍、臀鳍、胸鳍灰色。

生态及习性

为近岸浅海中下层鱼类，喜栖息于河口咸淡水处，也可生活于淡水中。性凶猛，主要摄食鱼类和甲壳类。

分布

沿海河口。

金钱鱼
Scatophagus argus

形态

体略呈椭圆形，侧扁而高。头较小，头背高斜，在眼上方略凹。吻中长，宽钝。眼中大，上侧位。鼻孔每侧2个。口小，前位，平横。上下颌略等长或下颌稍短。体披细小鳞片。侧线弧形，与背缘平行，伸达尾鳍基。体褐色，腹部较淡，体侧具略呈圆形的黑斑。幼鱼体侧黑斑明显而多。背鳍、臀鳍及尾鳍具黑色斑点，头部具2条黑色横带。

生态及习性

为暖水性小型鱼类。栖息于近岸岩礁或海藻丛生海域，常进入河口咸淡水中。

分布

沿海河口。

幼鱼 | 体长：73mm

体长：58mm

鲈形目 | 汤鲤科 | 汤鲤属

形态

体延长，侧扁。头中大，吻长。口大，前端位。下颌较上颌突出，口裂延伸至眼前部下方。眼大。体披中大圆鳞，侧线完全，近乎平直。体背银褐色，腹部银白，体侧具不规则黑斑群。尾鳍叉形，上下叶具宽大黑斑。背鳍、腹鳍及尾鳍具橙红色色彩。

生态及习性

主要栖息于河口区的汽水域，或溯入淡水之中。肉食性，以小鱼、甲壳类及水生昆虫等为摄食对象。

分布

沿海河口。

汤鲤 *Kuhlia marginata*

中华乌塘鳢

Bostrychus sinensis

鲈形目 | 塘鳢科 | 乌塘鳢属

形态

体延长，前部圆筒形，后部侧扁。头颇宽，略平扁。吻宽圆，背面稍圆凸。眼小，上侧位，位于头的前半部。鼻孔每侧 2 个。口宽大，前位，倾斜。上下颌约等长，或下颌稍向前突出。上颌骨颇长，后端伸达眼后缘下方。体灰褐色，腹面浅色。尾鳍基底上端具 1 块有白边的黑色眼状斑。

生态及习性

为近内海暖水性小型鱼类。大多栖息于近内海滩涂的洞穴中，也栖息于河口或淡水内。摄食虾类和蟹类。

分布

沿海河口。

体长：116mm

体长：116mm

颌针鱼目 | 鱵科 | 下鱵属

间下鱵

Hyporhamphus intermedius

形态

　　体细长，侧扁，扁柱形，背、腹缘平直。头中大，前方尖突，顶部及颊部平坦。吻较短。眼大，圆形，上侧位。鼻孔大，每侧一个，长圆形，浅凹，紧位于眼前缘上方。口小，平直。上颌骨与颌间骨愈合，呈三角形。下颌突出，延长成平扁长喙。体背侧灰绿色，体侧下方及腹部银白色。体侧自胸鳍基至尾鳍基具 1 条较窄深色纵带。

生态及习性

　　为近海暖水性鱼类。栖息于中上层水域，也生活于河口附近及进入淡水。主要以浮游动物为食。

分布

　　沿海河口。

胸鳍基部青蓝色

体长：186mm

鲻形目 | 鲻科 | 鲻属

Mugil cephalus

鲻

形态

体延长，体前部近圆筒形，背、腹缘较平直，尾柄粗短。头稍小，吻圆钝。眼中等大，前侧位。脂眼睑甚发达，遮盖瞳孔仅留椭圆形的眼孔。鼻孔每侧 2 个，相距颇远。体青灰色，腹部白色。胸鳍基部具青色斑块。

生态及习性

为广盐性鱼类，栖息于海水、咸淡水或淡水水域。以藻类及有机碎屑为食，也可摄食浮游动物和小型贝壳类。

分布

沿海河口。

鲻形目 | 鲻科 | 鮻属

鮻 *Planiliza haematocheila*

形态

体延长，体前部近圆筒形，背、腹缘较平直，尾柄粗短。头中等大，吻短钝，口裂平横。眼中等大，前侧位。脂眼睑甚发达。鼻孔每侧2个，相距颇远。体青灰色，腹部白色。各鳍均呈淡橘色。

生态及习性

为广盐性鱼类，多栖息于浅海或河口咸淡水水域，也可在淡水江河中生活。以藻类及有机碎屑为食，也可摄食浮游动物和小型贝壳类。

分布

沿海河口。

体长：268mm

体长：205mm

鲻形目 | 鲻科 | 鮻属

棱鮻

Planiliza carinata

形态

体延长，体前部近圆筒形，尾柄稍长。头短宽，平扁。吻宽而短，前端颇钝。眼大，位于头的前部。口为"人"字形，口角仅达眼前缘。下颌中间有1个小凸起，可嵌入上颌相对的深凹中。体背青灰色，腹部白色。

生态及习性

为暖水性中小型鱼类，多栖息于淡水河口水域，也可进入淡水江段下游。摄食底栖藻类、有机碎屑和部分浮游动物。

分布

沿海河口。

鲽形目 | 舌鳎科 | 舌鳎属

形态

体长舌状，甚延长，侧扁。头较短。吻略短，前端钝。眼小，两眼均位于头部左侧，下眼前缘在上眼前缘的后方。口小，下位，口裂弧形，口角后端伸达下眼后缘的下方。具 3 条侧线。体褐色，体及鳃盖均具黑斑。

生态及习性

为近海或河口的底层小鱼。摄食软体动物、幼鱼等。

分布

沿海河口。

三线舌鳎

Cynoglossus trigrammus

体长：126mm

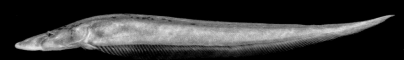

体长：75mm

胡瓜鱼目｜胡瓜鱼科｜香鱼属

香鱼

Plecoglossus altivelis

形态

体延长，稍侧扁。头较小。吻中长，向前倾斜，形成吻钩。眼中大，上侧位。鼻孔每侧 2 个，距眼近。口稍大，下颌中间具凹陷，口闭时吻钩恰置于下颌的凹陷内。体密，披细小圆鳞。侧线平直，位于体侧中部。具脂鳍，小而狭长。体背侧部青灰色，体侧和腹部银白色。

生态及习性

为溯河性小型鱼类。较大的幼鱼和成鱼栖息在沿海的江河内。较小的幼鱼则在河口和沿海港湾一带生活。摄食底栖硅藻、蓝绿藻和绿藻。香鱼每年 8、9 月洄游到产卵，生殖以后，亲鱼死亡。卵沉性，有黏性，结成蓝黑色一团，黏着于石砾上，孵化后的仔鱼随流入海。

分布

沿海溪流。

保护等级

《中国生物多样性红色名录》评估等级 EN。

｜头部具吻钩｜

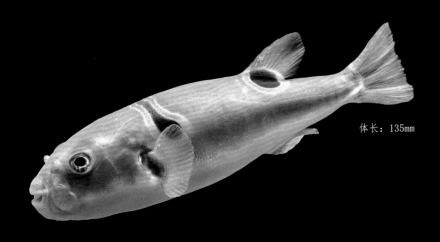

体长：135mm

鲀形目 | 鲀科 | 东方鲀属

弓斑东方鲀 *Takifugu ocellatus*

形态

体亚圆筒形，前部粗壮，向后渐细狭，尾柄锥状，后部侧扁。头中大，吻圆锥状。眼中大，上侧位。鼻孔每侧 2 个，紧位于鼻瓣内外侧。口小，前位。体背侧面棕绿色，腹部白色。胸鳍后上方具大黑斑，与背面暗色横带相连，形成鞍状。背鳍基部具 1 个圆形大黑斑，有黄色边缘。

生态及习性

为近海底层鱼类。主要摄食贝类、甲壳类和小鱼等。有时进入河口咸淡水区域生活。卵巢和肝脏等有毒。

分布

沿海河口。

体长：135mm

鲱形目 | 鳀科 | 鲚属

七丝鲚
Coilia grayi

形态

体延长，侧扁，头与躯干较粗大，前部稍隆起而高，尾部向后逐渐细小。腹部具棱鳞。头较小。吻短而钝尖，由半透明软骨构成。眼中大，上侧位，近吻端。鼻孔每侧2个，位于眼前，两鼻孔间具1个鼻瓣。口大、下位，斜裂，口裂伸达眼的后下方。上颌骨延长，伸达胸鳍基部。体披薄圆鳞。背鳍较小，位于体前部1/4处，起点在腹鳍起点后上方。臀鳍低而延长，与尾鳍相连。胸鳍上部具7条游离鳍，延长成丝状，伸达臀鳍基部上方。体银白带黄色，尾鳍末端微黑，背鳍、胸鳍、腹鳍基部淡黄色。

生态及习性

为福建沿海和河口常见中上层鱼类。以小型无脊椎动物为食。每年6月，成熟个体成群由外海洄游至闽江、九龙江、晋江、木兰溪产卵。

分布

沿海河口。

后记

儿时，外婆家村口有一片稻田，田间纵横交错的沟渠和谐地滋润着每一寸土地。每逢周末，喊上表哥提上簸箕我们就往田里窜，选一条水草茂盛的小沟渠，用簸箕堵住小沟渠一端，从另一端踩着水把鱼赶进簸箕里。阳光下鱼鳞闪闪，好似那跳动的精灵。回家找一个闲置的水缸，小心翼翼地把它们放进缸里，我们趴在水缸边静静地看着它们游来游去。就是这样一种平凡而快乐的满足，照亮了我整个童年的夜空。

这份快乐伴随着成长，慢慢地融入我的生命里，成为我人生中一大爱好。闲暇时光，我总爱流连忘返于各个早市、桥头鱼摊，看看又有什么新奇的小鱼出现，或者前往县城周边的山涧沟渠寻找野生小鱼。它们那灵动的游姿、多变绚丽的体色带着我感知自然的无穷野趣。

然而，随着经济发展，水域环境发生变化，加之外来鱼种入侵，宗教信徒不当的放生，众多本土淡水鱼类野外生存压力日益加剧。外婆家那片稻田被开发了，儿时嬉戏的那些清澈溪流日益浑浊了，那些常见的小野鱼在县城周边水域也难觅踪影。我常在想我可以做些什么，为了那曾带给我童年最美好回忆的小鱼儿们。这样一份情怀一份不舍在我的心底悄悄地扎了根。或许正是怀抱着这样的情感，便有了之后种种的机缘巧合。

2015 年年底，偶识得福建省观鸟协会杨会长，他正紧锣密鼓筹建自然宣教中心，那是一个展示本地野生物种，呼吁公众保护本地生态环境的地方。中心里面设有一片生态鱼缸区域，用来展示福建本土野生淡水鱼，我自然而然成了宣教中心的志愿者，向公众介绍本土的野生淡水鱼类。

虽然福建水系密布、河流众多、淡水鱼类种类繁多，但公众对于福建野生淡水鱼关注度不高，相关宣传科普也少。在与公众的分享互动中，我发现福建淡水鱼类相关文献资料更新较滞后，鱼类图片少且画质不佳。为了传递正确的信息，让更多人和我一起关注它们，了解它们，进而去保护它们，我扩展了鱼类相关知识的学习。在福建省观鸟协会及相关院校机构的协调下，我深入福建各县市开展实地调查，拍摄鱼类活体照片。之后根据实地调查的情况，我翻阅资料、图文对照，不断积攒更新自己掌握的鱼类数据。

也许正是这样的积累，又缘于一个偶然的相识，在海峡书局的大力支持下，我幸得机会能够通过本书将我收集的鱼类资源以及心得体会在此与大家分享。

本书基于20世纪80年代末出版的《福建鱼类志》中记录的淡水鱼种类资料，结合近年新发现的鱼种进行增补，共收入鱼种153种。但因个人编写能力有限及相关水域环境的改变，一些鱼种在本书中未能记录。我也深知自己非鱼类学专业出身，参考的学术资料有限，对一些鱼种的鉴定上可能存在偏差，非常希望此书在作为大家分享和讨论资料的同时，也得到批评与指正。

最后，我想感谢，在本书编写过程中相关院校机构、省内各自然保护区以及各界朋友对我的帮助，感谢父母及家人给予我最无私的理解和支持。

分类索引

2015 年《中国生物多样性红色名录》评估等级

▌ 数据缺乏（Data Deficient，DD） ▌ 易危（Vulnerable，VU）

▌ 无危（Least Concern，LC） ▌ 濒危（Endangered，EN）

▌ 近危（Near Threatened，NT） ▌ 极危（Critically Endangered，CR）

鲤形目
鲤科

主要参考文献

福建鱼类志编写组，1984. 福建鱼类志（上卷）. 福州：福建科学技术出版社.

福建鱼类志编写组，1985. 福建鱼类志（下卷）. 福州：福建科学技术出版社.

福建省水产学会，福建省水产技术推广总站编，2014. 福建常见水产生物原色图册. 福州：福建科学技术出版社.

伍献文，1964. 中国鲤科鱼类志（上册）. 上海：上海科学技术出版社.

伍献文，1978. 中国鲤科鱼类志（下册）. 上海：上海科学技术出版社.

中国科学院水生生物研究所，上海自然博物馆，1982. 中国淡水鱼类原色图集（1册）. 上海：上海科学技术出版社.

中国科学院水生生物研究所，上海自然博物馆，1982. 中国淡水鱼类原色图集（2册）. 上海：上海科学技术出版社.

中国科学院水生生物研究所，上海自然博物馆，1993. 中国淡水鱼类原色图集（3册）. 上海：上海科学技术出版社.

林春吉，2007. 台湾淡水鱼虾生态大图鉴. 台北：天下远见出版股份有限公司.

李明德，1992. 鱼类学. 天津：南开大学出版社.

张春光，赵雅辉，等，2016. 中国内陆鱼类物种与分布. 北京：科学出版社.

浙江动物志编辑委员会，1991. 浙江动物志淡水鱼类. 杭州：浙江科学技术出版社.

潘炯华，钟麟，郑慈英，等，1991. 广东淡水鱼类志. 广州：广东科技出版社.

张大庆，曾伟杰，2014. 虾虎图典. 新北：鱼杂志社.